ゼロからはじめる

インスタグラム
Instagram

リンクアップ 著

技術評論社

CONTENTS

第1章
インスタグラムを始めよう

- Section 01　インスタグラムってどんなことができるの? 8
- Section 02　インスタグラムを始めるために必要なもの 10
- Section 03　スマートフォンにアプリをインストールしよう 12
- Section 04　ユーザー登録をしよう 14
- Section 05　メールアドレスか電話番号でユーザー登録をしよう 16
- Section 06　プロフィールを設定しよう 18
- Section 07　インスタグラムの画面を知ろう 22

第2章
ユーザーとつながって写真を見よう

- Section 08　インスタグラムでユーザーを探す方法 26
- Section 09　ユーザー名を検索してフォローしよう 28
- Section 10　Facebookの友達を探してフォローしよう 30
- Section 11　スマートフォンの連絡先からフォローしよう 32
- Section 12　ハッシュタグから趣味の合う人をフォローしよう 34
- Section 13　撮影された場所から写真を探そう 36
- Section 14　気に入った投稿に「いいね!」しよう 38
- Section 15　投稿にコメントしよう 39
- Section 16　インスタグラムからのお知らせを見よう 40
- Section 17　投稿を保存してあとから見よう 42
- Section 18　「いいね!」した投稿をまとめて見よう 43
- Section 19　フォロー・フォロワーの一覧を整理しよう 44
- Section 20　ユーザーとメッセージのやり取りをしよう 46
- Section 21　投稿をSNSでシェアしよう 48

第 3 章
写真を加工して投稿しよう

Section 22	写真を撮影して投稿しよう	52
Section 23	写真にフィルターをかけよう	54
Section 24	写真を傾けたりトリミングしたりしよう	56
Section 25	写真の明るさを変更しよう	58
Section 26	写真の色合いを変更しよう	60
Section 27	写真を好みの雰囲気に加工しよう	62
Section 28	ハッシュタグを付けてみよう	64
Section 29	ユーザーや位置情報をタグ付けしよう	66
Section 30	ほかのSNSにも同時に投稿しよう	68
Section 31	スマートフォンの中の写真を投稿しよう	70
Section 32	コラージュ画像を投稿しよう	72
Section 33	動画を投稿しよう	74
Section 34	スマートフォンの中の動画を投稿しよう	76
Section 35	繰り返す短い動画を投稿しよう	78
Section 36	投稿に付いたコメントに返信しよう	80
Section 37	投稿を削除しよう	81
Section 38	投稿を編集しよう	82
Section 39	24時間で消える写真をメッセージで送ろう	84
Section 40	投稿した写真をメッセージで送ろう	86
Section 41	フィルターを並べ替えよう	87

第 4 章
インスタ映えする！写真の撮影テクニック

| Section 42 | 「いいね！」をたくさん集めるヒント | 90 |

CONTENTS

Section 43　インスタ映えする構図やアングルを知ろう　92
Section 44　写真撮影・加工に使えるおすすめアプリ　94
Section 45　スマートフォンで写真を撮るときに役立つ小道具　96
Section 46　料理やスイーツをおいしそうに撮ろう　98
Section 47　動物を可愛らしく撮ろう　100
Section 48　風景を印象的に撮ろう　102
Section 49　空をダイナミックに撮ろう　104
Section 50　夜景を美しく撮ろう　106
Section 51　旅行先や観光地の思い出を楽しく撮ろう　108
Section 52　服やコーディネートをおしゃれに撮ろう　110
Section 53　植物を鮮やかに撮ろう　112
Section 54　タイムラプス動画を投稿しよう　114
Section 55　一眼レフでワンランク上の写真を撮ろう　116
Section 56　デジカメや一眼レフで撮った写真を投稿しよう　118

第5章 「ストーリーズ」を見たり投稿したりしよう

Section 57　「ストーリーズ」ってどんな機能？　122
Section 58　ほかのユーザーのストーリーズを見てみよう　124
Section 59　ストーリーズにコメントを送ろう　125
Section 60　ストーリーズで写真や動画を投稿しよう　126
Section 61　複数の写真や動画をつなげて投稿しよう　128
Section 62　ストーリーズを装飾しよう　130
Section 63　ストーリーズを削除しよう　134
Section 64　ストーリーズを視聴したユーザーを確認しよう　136
Section 65　ストーリーズに付いたコメントを確認して返信しよう　137

Section 66 ほかのユーザーのライブ配信を見てみよう ……………… 138
Section 67 自分もライブ配信をしよう …………………………………… 140
Section 68 ライブ配信にゲストを呼ぼう ……………………………… 142

第6章
インスタグラムの機能を使いこなそう

Section 69 プッシュ通知の設定をしよう ……………………………… 146
Section 70 お気に入りユーザーの投稿通知を受け取ろう ……… 148
Section 71 加工前の写真を保存しないようにしよう …………… 149
Section 72 データの使用量を抑えよう ……………………………… 150
Section 73 インスタグラムからのメールの設定をしよう ……… 151
Section 74 未登録の友達をインスタグラムに招待しよう ……… 152
Section 75 パソコンからインスタグラムを見よう ………………… 154
Section 76 投稿をWebサイトやブログでも表示しよう ………… 156
Section 77 インスタグラムを二段階認証にしよう ……………… 158
Section 78 インスタグラムに複数のアカウントを登録しよう … 160

第7章
インスタグラム　困ったときの解決技

Section 79 加工した写真を投稿せずに保存できないの? ……… 164
Section 80 好きな投稿はスマートフォンに保存できないの? … 165
Section 81 投稿を下書き保存したい …………………………………… 166
Section 82 ほかのユーザーの投稿をシェアしたいときはどうする? …… 168
Section 83 アカウントを非公開にしたい …………………………… 169
Section 84 投稿した写真の一部を非公開にしたい ……………… 170
Section 85 特定のユーザーをブロックしたい ……………………… 172

CONTENTS

- Section 86　コメントを受け付けないようにしたい ……… **174**
- Section 87　自分に付けられたタグを削除したい ……… **178**
- Section 88　タグ付けされた投稿が勝手にプロフィール画面に表示される ……… **179**
- Section 89　SNSとの連携を解除したい ……… **180**
- Section 90　広告を非表示にしたい ……… **182**
- Section 91　パスワードを変更したい ……… **183**
- Section 92　パスワードを忘れてしまった! ……… **184**
- Section 93　アカウントを一時停止したい ……… **186**
- Section 94　アカウントを削除したい ……… **188**

ご注意：ご購入・ご利用の前に必ずお読みください

- 本書に記載した内容は、情報の提供のみを目的としています。したがって、本書を用いた運用は、必ずお客様自身の責任と判断によって行ってください。これらの情報の運用の結果について、技術評論社および著者、アプリの開発者はいかなる責任も負いません。

- ソフトウェアに関する記述は、特に断りのない限り、2018年1月19日現在での最新バージョンをもとにしています。ソフトウェアはバージョンアップされる場合があり、本書での説明とは機能内容や画面図などが異なってしまうこともあり得ます。あらかじめご了承ください。

- 本書は以下の環境で動作を確認しています。ご利用時には、一部内容が異なることがあります。あらかじめご了承ください。
  端末 ： iPhone 7（iOS 11.2.2）、Xperia XZ1（Android 8.0.0）
  パソコンのOS ： Windows 10

- インターネットの情報については、URLや画面などが変更されている可能性があります。ご注意ください。

以上の注意事項をご承諾いただいたうえで、本書をご利用願います。これらの注意事項をお読みいただかずに、お問い合わせいただいても、技術評論社は対処しかねます。あらかじめ、ご承知おきください。

■本書に掲載した会社名、プログラム名、システム名などは、米国およびその他の国における登録商標または商標です。本文中では、™、®マークは明記していません。

第1章

インスタグラムを始めよう

Section 01	インスタグラムってどんなことができるの?
Section 02	インスタグラムを始めるために必要なもの
Section 03	スマートフォンにアプリをインストールしよう
Section 04	ユーザー登録をしよう
Section 05	メールアドレスか電話番号でユーザー登録をしよう
Section 06	プロフィールを設定しよう
Section 07	インスタグラムの画面を知ろう

第1章 インスタグラムを始めよう

Section 01 インスタグラムってどんなことができるの?

「インスタグラム」は、写真や動画を共有するコミュニケーションサービスです。コンテンツの投稿は、スマートフォンアプリを使って行うので、撮った写真をその場で公開できるのはもちろん、編集機能を使って好みのトーンに仕上げることも可能です。

写真を通じて世界とつながるSNS

2010年に誕生したインスタグラムは、今や月間アクティブユーザー数8億人を数える（2018年1月時点）世界的な人気サービスに成長しました。現在の人気を支える特徴として、写真や動画を共有することで言葉の壁を意識せずに世界中のユーザーとつながることができる点、そして「ハッシュタグ」を使って見たい写真にかんたんにリーチできるしくみが挙げられます。日本国内でもアクティブユーザー数が1600万人を超え、最近では企業によるユーザー参加型のキャンペーンが展開されることも多くなりました。また、国内外の多くのセレブが利用するインスタグラムでは、普段は見られないオフショットを気軽に閲覧できるのも人気の秘密といえます。もちろん、自分の日常の一コマを切り取って発信することこそがインスタグラムの醍醐味です。

●インスタグラムの楽しみ方

❶写真を閲覧する

❷写真を投稿する

❸ユーザーと交流する

インスタグラムでできること

インスタグラムには、写真を加工する多彩なフィルターに加え、詳細な設定が可能な編集ツールが用意されています。写真を編集することで、より雰囲気のある作品に仕上がります。投稿がほかのユーザーに気に入られれば、「いいね!」やコメントがもらえ、交流を深めることができます。さらに、投稿が24時間で自動的に削除される「ストーリーズ」や、フォローされているユーザーにリアルタイムで動画を視聴してもらえる「ライブ」などの機能も搭載されています。

●写真の加工

インスタグラムには全部で40種類のフィルターが用意されています。明るさやコントラスト、彩度などの画像補正ツールも使えば、写真を詳細に編集できます。

●「いいね!」やコメント

手軽に感動や共感を伝えられる「いいね!」や、投稿の感想を伝えることができるコメントは、ほかのユーザーとコミュニケーションを取るツールです。

●ストーリーズ

通常のタイムラインとは別のフィールドで、複数の写真や動画を組み合わせた投稿ができます。投稿されたストーリーズは、24時間で自動的に削除されます。

●ライブ

ほかのユーザーにライブ動画を配信することができます。視聴しているユーザーからは「いいね!」やコメントをもらえ、リアルタイムで表示されます。

第1章 インスタグラムを始めよう

Section 02 インスタグラムを始めるために必要なもの

インスタグラムは、スマートフォンさえあれば今すぐ始められます。ほかの道具は要りませんが、ほんの少し準備が必要です。インスタグラムの公式アプリやアカウントを作るためのメールアドレスなど、用意するものを紹介します。

インスタグラムを始める前に用意するもの

●スマートフォン

iPhoneやAndroid、Windows Phoneなど、「Instagram」アプリが対応しているスマートフォンを用意します。ユーザー登録やアプリのダウンロードといった操作を行うので、メールの設定や「App Store」アプリ（Androidでは「Playストア」アプリ）へのログインを済ませておくとよいでしょう。

●「Instagram」アプリ

インスタグラムの公式アプリです。スマートフォンがあっても、これがなければ始まりません。iPhoneなら「App Store」アプリ、Androidなら「Playストア」アプリからインストールします。「Instagram」アプリは、撮影から編集、投稿、閲覧までをこなす高機能写真アプリでもあります。

●Facebookアカウントもしくはメールアドレス

ユーザー登録の際に個人を特定する情報として、Facebookアカウントもしくはメールアドレス、電話番号が必要です。すでに「Facebook」アプリでログイン済みの端末では、インスタグラムへの登録がスムーズに行えます。メールアドレスや電話番号を使う場合は、認証作業を行います。

●一眼レフカメラやコンパクトデジタルカメラ

デジタルカメラは必須ではありませんが、一眼レフカメラやコンパクトデジタルカメラで撮影した写真の投稿も可能です。Wi-Fi対応のカメラからは直接、それ以外のカメラの場合はパソコンなどを通じて写真を転送します。また、写真を加工する場合は、画像編集アプリを使うと便利です。

第1章 インスタグラムを始めよう

Section 03 スマートフォンにアプリをインストールしよう

インスタグラムを利用するには、アプリをインストールする必要があります。アプリはストアからインストールしますが、iPhoneではApple ID、AndroidではGoogleアカウントを使ってあらかじめサインインしておくと、スムーズに操作できます。

iPhoneにアプリをインストールする

1. ホーム画面で＜App Store＞アプリをタップして起動し、メニューバーの＜検索＞をタップします。

2. 検索エリアに「Instagram」や「インスタグラム」と入力し、＜検索＞をタップします。

❶入力する
❷タップする

3. 検索結果に目的のアプリが表示されたら、＜入手＞をタップします。

タップする

4. 確認の画面で内容を確認し、＜インストール＞をタップすると、ダウンロードが開始されます。

タップする

Androidにアプリをインストールする

1 ホーム画面で<Play ストア>アプリをタップします。

2 画面上部の検索エリアをタップします。

3 検索エリアに「Instagram」や「インスタグラム」と入力し、🔍をタップします。

4 検索結果から「Instagram」の画面を開き、<インストール>をタップすると、ダウンロードが開始されます。

Memo アプリの更新

アプリは、新しい機能の追加や不具合の修正などがあるとアップデートが配布されます。ときおりApp StoreやPlay ストアをチェックして、最新の状態に更新しましょう。

第1章 インスタグラムを始めよう

Section 04 ユーザー登録をしよう

インスタグラムには、2通りのアカウント作成方法が用意されています。そのうちの1つ、Facebookのアカウントを使って認証する方法を解説します。Facebookのアカウントを持っていない場合は、Sec.05の方法でアカウントを作成します。

Facebookを使ってアカウントを作成する

(1) ホーム画面で＜Instagram＞アプリをタップします。

(2) インスタグラムの初回起動時に表示されるログイン画面で、＜Facebookでログイン＞をタップします。

(3) Facebookのアカウントとパスワードを入力して、＜ログイン＞をタップします。

Memo Facebookにログイン済みの場合

スマートフォンでFacebookアプリを利用している場合は、「○○としてログイン」と表示されます。これをタップすれば、すばやく次の操作に移行できます。

④ ユーザーネームを入力し、＜次へ＞をタップします。ユーザーネームを自動生成する場合は、○をタップします。

⑤ 「Facebookの友達を検索」は、Facebookの友達の一覧から任意のユーザーをフォローする機能です。ここでは＜スキップ＞をタップします。

⑥ 「連絡先を検索」は、スマートフォンの「連絡先」アプリに登録済みの情報と合致するインスタグラムユーザーを探す機能です。ここでは＜スキップ＞をタップします。

⑦ プロフィール写真の追加方法は、Sec.06で解説します。ここでは＜スキップ＞をタップします。

⑧ 「フォローする人を見つけよう」画面が表示されたら＜完了＞をタップします。

第1章 インスタグラムを始めよう

Section 05 メールアドレスか電話番号でユーザー登録をしよう

メールアドレスもしくは電話番号を使ってアカウントを作成する方法を解説します。この方法では、登録したメールアドレスや電話番号（SMS）宛に登録情報を認証するためのリンクが送信されます。忘れずにチェックしましょう。

メールアドレスでアカウントを作成する

(1) ホーム画面で＜Instagram＞アプリをタップして起動し、＜電話番号またはメールアドレスで登録＞をタップします。

(2) ここではメールアドレスで登録するので、画面上部の＜メール＞をタップしてからメールアドレスを入力し、＜次へ＞をタップします。

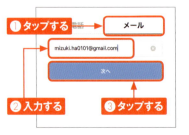

(3) 名前とパスワードを設定して、＜次へ＞をタップします。

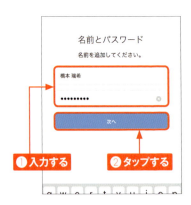

Memo 名前とユーザー名

ここで入力する名前は、ユーザー名ではなく登録者の名前として扱われます。本名でなくても構いません。Facebookアカウントでログインした場合は、自動でFacebookに登録した名前が引き継がれます。

④ ユーザーネームを入力し、<次へ>をタップします。ユーザーネームを自動生成する場合は、◯をタップします。

⑤ 「Facebookの友達を検索」画面が表示されるので、<スキップ>をタップします。その後、「連絡先を検索」画面と「プロフィール写真を追加」画面が表示されます。ここではすべて<スキップ>をタップします。

⑥ 「フォローする人を見つけよう」画面が表示されたら<完了>をタップします。

Memo メールアドレスの認証

登録したメールアドレスが正しいものか確認するメールが届いたら、<メールアドレスを認証してください>をタップします。電話番号で登録した場合は、SMSで認証します。

第1章 インスタグラムを始めよう

第1章 インスタグラムを始めよう

Section 06 プロフィールを設定しよう

「プロフィール」には、自分の名前や写真、自己紹介文などを掲載します。設定した内容は、ほかのユーザーに公開されます。名前や写真は実名や自分の顔写真でなくても構いませんが、友達から見てわかりやすいプロフィールにするとよいでしょう。

プロフィールを設定する

(1) ホーム画面で<Instagram>アプリをタップして起動します。

(2) ナビゲーションメニューの 👤 をタップしてプロフィール画面を表示し、<プロフィールを編集>をタップします。

(3) 「プロフィールを編集」画面で、<プロフィール写真を変更>をタップします。

(4) 写真のインポート元を選びます。ここでは<ライブラリから選択>をタップします。

⑤ iPhoneでは、「写真」アプリへのアクセスを確認するメッセージが表示されたら、＜OK＞をタップします。カメラとマイクへのアクセス許可が表示された場合は、＜OK＞をタップします。

⑥ カメラロールでプロフィールに使いたい写真をタップして、2本指でピンチオープン（拡大）またはピンチクローズ（縮小）しながらプロフィールに使用したい部分を調整したら、＜完了＞をタップします。

⑦ プロフィールに写真が設定されました。プロフィール写真を変更するときも、同様の手順で行います。

Memo ほかのSNSのプロフィール写真を使う

FacebookやTwitterで使用しているプロフィール画像をインスタグラムにインポートして、プロフィール写真に設定することができます。なお、Facebookアカウントでインスタグラムにログインした場合は、自動的にFacebookのプロフィール写真が引き継がれますが、ここで紹介している手順で変更が可能です。

📷 プロフィールを編集する

① ナビゲーションメニューの 👤 をタップします。

② ＜プロフィールを編集＞をタップします。

③ 名前の欄をタップして、最初に登録した名前を変更します。

④ 変更したい名前を入力します。

⑤ 同様に「自己紹介」欄をタップして自己紹介文を入力し、最後に＜完了＞をタップします。

⑥ 入力した内容がプロフィールに反映されました。

Memo 非公開情報とは

「プロフィールを編集」画面には、名前や自己紹介のほかにメールアドレスや電話番号、性別を入力する「非公開情報」のエリアがあります。非公開情報エリアに入力した情報は、ほかのユーザーに公開されることはありません。なお、アカウント作成時に入力したメールアドレスや電話番号は、自動で非公開情報に登録されます。

第1章 インスタグラムを始めよう

Section 07 インスタグラムの画面を知ろう

インスタグラムには、フォロー中のユーザーの写真を閲覧する「ホーム」のほかに、「発見」「投稿」「アクティビティ」「プロフィール」といった画面があります。それぞれの画面の役割を知ると、ぐんと使いやすくなります。

「ホーム」画面の見方

「ホーム」画面は、インスタグラムのメインページで、自分がフォローしているユーザーが投稿した写真や動画、ストーリーズを閲覧できます。また、画面上のアイコンをタップすることで、メッセージの送信やストーリーズの投稿ができます。

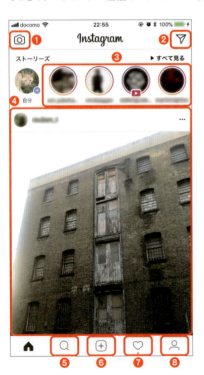

❶ストーリーズを配信します(Sec.60参照)。

❷友達にメッセージを送信します(Sec.20参照)。

❸友達が公開したストーリーズを閲覧できます。左端の自分のアイコンをタップするとストーリーズの作成、配信画面が開きます(Sec.58参照)。

❹フォロー中のユーザーが投稿した写真や動画が表示されます。気に入った写真に「いいね!」を付けたり、コメントを残したりといったこともこの画面で行います。写真や動画の並び順は、時系列ではなくインスタグラム独自のアルゴリズムによる「おすすめ」の順番に表示されます。

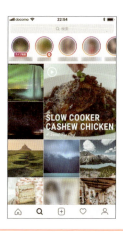

❺新しいユーザーや好みの写真を見つける画面です。閲覧履歴や人気の投稿などをもとに、好みのテイストの写真やユーザーをピックアップして一覧表示する「発見」と、「検索」で構成されています。

❻写真や動画を投稿する画面です。その場で撮影するカメラ機能やスマホ内のアルバムを使って投稿できます。また、個性的なフィルターや編集機能も充実しているため、雰囲気のある作品に仕上げることができます。

❼フォローしているユーザーが「いいね!」やコメントを付けた写真をチェックできる「フォロー中」タブと、自分の投稿にほかのユーザーが付けた「いいね!」やコメントを通知する「あなた」タブで構成されます。

❽自分のプロフィールと、投稿したコンテンツのサムネイルが一覧表示されます。この画面では、編集ボタンやアーカイブ、自分がタグ付けされた写真、保存済みの写真などにアクセスできます。

column インスタグラムのビジネスツールを活用しよう

●インスタグラムのもう1つの使い方

インスタグラムの特徴の1つに、女性ユーザーが多い点が挙げられます。これに加えて、高いユーザーエンゲージメントが注目され、これまでもメーカーからメディア、企業から個人まで幅広いユーザーがプロモーションツールとして利用してきました。そうしたビジネスユーザーを対象に、インスタグラムをビジネスの現場で活用してもらおうと提供されたサービスが「ビジネスツール」です。
ビジネスツールを利用するためには、通常のアカウントからビジネスプロフィールに切り替える必要があります。これにより、ビジネスに役立つ機能やサービスを活用できるようになります。

●ビジネスアカウントでできること

アカウントをビジネスプロフィールに切り替えると、電話番号やメール、住所などの連絡先を登録することで、ユーザーは直接その連絡先を使ってコンタクトできるようになります。注目したいのは、「Instagramインサイト」や「投稿の宣伝」といったビジネスに特化したツールです。投稿のパフォーマンスやフォロワーのリアクションなどマーケティングに役立つデータを解析したり、投稿を広告として掲示するための機能など、ビジネスユーザー必携のツールといえます。

第2章

ユーザーとつながって写真を見よう

Section 08	インスタグラムでユーザーを探す方法
Section 09	ユーザー名を検索してフォローしよう
Section 10	Facebookの友達を探してフォローしよう
Section 11	スマートフォンの連絡先からフォローしよう
Section 12	ハッシュタグから趣味の合う人をフォローしよう
Section 13	撮影された場所から写真を探そう
Section 14	気に入った投稿に「いいね!」しよう
Section 15	投稿にコメントしよう
Section 16	インスタグラムからのお知らせを見よう
Section 17	投稿を保存してあとから見よう
Section 18	「いいね!」した投稿をまとめて見よう
Section 19	フォロー・フォロワーの一覧を整理しよう
Section 20	ユーザーとメッセージのやり取りをしよう
Section 21	投稿をSNSでシェアしよう

Section 08 インスタグラムでユーザーを探す方法

インスタグラムで写真を楽しむには、仲のよい友達や人気のインスタグラマーなど、テイストが合うユーザーをフォローするのが近道です。ここでは、インスタグラムでフォローしたいユーザーを見つける方法を紹介します。

ユーザーを探す5つの方法

●検索

ユーザー名がわかっている場合は、「検索」機能を利用します。また、検索画面に表示される「おすすめ写真／動画」からユーザーを見つけることもできます。

●ハッシュタグ

気になる単語やトレンドワードに「#」を付けて検索すると、該当する文字列をハッシュタグとして登録している写真がヒットします。

●Facebook

「Facebookでログイン」または「シェア設定で共有」がオンの場合は、Facebookの友達の中からインスタグラムのユーザーが表示されます。

●連絡先

スマートフォンに登録してある連絡先からユーザーを探します。連絡先との連携をオンにすると、連絡先の情報を定期的にサーバで照合します。

●スポット

特定の地域や店舗、ランドマークなどの位置情報をもとに、その場所で撮影された写真や近くにいるユーザーを検索できます。

Memo 「おすすめ」を利用する

プロフィールページの左上にある👤をタップして、「フォローする人を見つけよう」画面を表示します。「おすすめ」タブをタップすると、おすすめユーザーの一覧が表示されます。

第2章 ユーザーとつながって写真を見よう

Section 09 ユーザー名を検索してフォローしよう

インスタグラムで友達を見つける方法はいくつか用意されています。ここでは「ピープル」検索を使ってユーザーを探します。また、著名人や企業の公式アカウントは、ブラウザのWeb検索で見つけることも可能です。

範囲を「ピープル」に絞って検索する

① ナビゲーションメニューの🔍をタップし、画面上部の検索エリアをタップします。

② 「ピープル」タブをタップして探したいユーザー名を入力し、表示された候補の中から該当するユーザーをタップします。

Memo 「Explore（発見）」でおすすめコンテンツを見る

ナビゲーションメニューの🔍をタップすると、「Explore（発見）」画面が開きます。この画面には、インスタグラムによるおすすめの写真や動画が表示されます。おすすめは、人気の高いコンテンツのほか、これまでの閲覧履歴や「いいね!」などの傾向から自動で抽出されます。

③ P.28手順②でタップしたユーザーのプロフィール画面が表示されます。目的のユーザーであることを確認し、<フォローする>をタップします。

④ フォローしたユーザーのプロフィール画面には、アイコンが表示されます。フォローを解除する場合は、このアイコンをタップします。

Web検索で店舗や企業の公式ページを探す

① スマートフォンのブラウザアプリで、「Instagram ○○○○（名前）」と入力して検索し、検索結果に表示されたインスタグラムのリンクをタップします。

② 目的のユーザーのプロフィールページが表示されたら、<フォローする>をタップします。

第 2 章　ユーザーとつながって写真を見よう

Section 10

Facebookの友達を探してフォローしよう

Facebookのグループ企業であるインスタグラムは、当然ながらFacebookとの親和性が高く、Facebookアカウントでのログインや投稿した写真の共有に加えて、インスタグラムを利用中にしているFacebookの友達を確認できます。

Facebookアカウントとリンクする

① ナビゲーションメニューの👤をタップしてプロフィール画面を表示し、画面左上の+👤をタップします。

② 「フォローする人を見つけよう」画面が出てきたら、右上の×をクリックして先に進みます。

③ 「おすすめ」タブが開くので、ここでは「Facebook」タブまたは「Facebookアカウントとリンク」の<リンクする>のいずれかをタップします。

④ 「Facebook」タブが開いたら、<Facebookにリンク>をタップします。

⑤ メッセージの内容を確認し、＜続ける＞をタップします。

⑥ Facebookアカウントを使ってインスタグラムにログインしている場合は、＜○○（ユーザー名）としてログイン＞をタップします。それ以外の場合は、FacebookのIDとパスワードを入力してログインします。

⑦ インスタグラムを利用中のFacebookの友達が表示されます。ここで＜フォローする＞をクリックしても構いませんが、念のためアイコンをタップして、ユーザープロフィールを確認しましょう。

⑧ ユーザープロフィールで友達であることを確認したら、＜フォローする＞をタップします。

Memo 本名とユーザー名

インスタグラムでは、投稿写真やコメント欄などにはユーザー名が表示されます。また、本名を正確に登録しているとは限りません。Facebookの友達としてリストに表示されても、誰かわからないこともあります。プロフィールページやFacebookの投稿を見るなどして確認するとよいでしょう。

第2章 ユーザーとつながって写真を見よう

Section 11 スマートフォンの連絡先からフォローしよう

リアルな友達を見つける方法の1つに、スマートフォンの「連絡先」との同期があります。連絡先に登録されたメールアドレスや電話番号などの情報と合致するインスタグラムアカウントを見つけることができます。

連絡先とリンクする

① ナビゲーションメニューの 👤 をタップしてプロフィール画面を表示し、+👤 をタップします。

② 画面上部の「連絡先」タブをタップしたあと、＜連絡先をリンク＞をタップします。

③ 「連絡先」との同期についての説明を確認し、＜アクセスを許可＞をタップします。

④ 「連絡先」へのアクセスを求めるメッセージが表示されたら、＜OK＞をタップします。

⑤ 「連絡先」の情報と合致するインスタグラムユーザーが検出されたら、フォローしたいユーザーの右側にある<フォローする>をタップします。

⑥ 手順⑤でタップしたユーザーの右側の表示が「フォロー中」になります。

連絡先とのリンクを解除する

① ナビゲーションメニューの 👤 をタップしてプロフィール画面を表示し、⚙ をタップします。

② 「オプション」画面で<連絡先>をタップします。

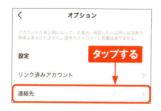

③ 「連絡先をリンク」の ⬤ をタップして、リンクを解除します。

Section 12 ハッシュタグから趣味の合う人をフォローしよう

「ハッシュタグ」は投稿する写真に関連するキーワードで、先頭に「#」を付けるのがルールです。ハッシュタグを通じて、気になるキーワードや趣味を同じくするユーザーを発見し、フォローするまでの手順を紹介します。

ハッシュタグで検索する

1. ナビゲーションメニューの🔍をタップして「発見」画面を表示し、画面上部の検索エリアをタップします。

2. 「タグ」タブをタップして、検索エリアにキーワード（ここでは「夕焼け」）を入力し、検索結果から見たい項目をタップします。

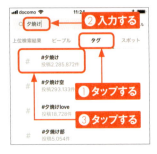

3. 「#夕焼け」のハッシュタグが付いた写真が一覧表示されたら、気になる写真のサムネイルをタップします。

Memo ハッシュタグのフォロー

2017年12月から、インスタグラムではハッシュタグもフォローできるようになりました。ハッシュタグの付いた写真の一覧表示画面で＜フォローする＞をタップすると、そのハッシュタグが付けられた写真が「ホーム」画面に表示されます。

④ 好みの写真を見つけたら、プロフィールアイコンをタップしてほかの写真もチェックしてみましょう。

⑤ プロフィール画面で写真を閲覧し、気に入ったら＜フォローする＞をタップします。フォローを解除するには、👤✓をタップします。

Memo ユーザープロフィールからおすすめを見る

気に入ったユーザーのプロフィールページから、そのユーザーと近いテイストの「おすすめ」ユーザーを見ることができます。フォローしていないユーザーの場合は、「フォローする」の右側の▼をタップします。フォローしているユーザーの場合は、👤✓右側の▼をタップして、おすすめをチェックできます。

第2章 ユーザーとつながって写真を見よう

Section 13 撮影された場所から写真を探そう

スマートフォンには、位置情報を取得する機能が搭載されています。この特性を利用した「スポット」検索を使って、行ってみたい土地や現在いる場所の写真をチェックしましょう。

場所を指定して写真を探す

① ナビゲーションメニューの Q をタップして「発見」画面を表示し、画面上部の検索エリアをタップします。

② 「スポット」タブをタップします。「位置情報サービスがオフになっています」と表示された場合は＜オンにする＞をタップし、＜許可＞をタップします。

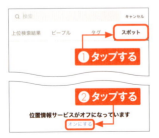

③ スポット検索の画面に戻ります。検索エリアに写真を見たい場所を入力し、表示される候補の中から目的の場所をタップします。

④ 指定した場所周辺で撮影された写真の一覧が表示されます。

今いる場所周辺で撮影された写真を探す

① P.36手順①〜②を参考に「スポット」画面を表示し、＜現在地付近＞をタップします。

② 現在の位置情報からその周辺のスポットが検索されます。見たい場所をタップしてみましょう。

③ 現在いる場所の周辺で撮影された写真が一覧表示されます。

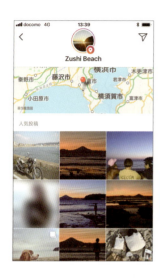

Memo 写真に位置情報を追加する

インスタグラムでは、写真を投稿する際に現在地や指定した場所の位置情報を追加することができます。位置情報に非対応のカメラで撮影した写真でも、検索することで場所の情報が追加できます。

第2章 ユーザーとつながって写真を見よう

Section 14 気に入った投稿に「いいね!」しよう

気に入った投稿には「いいね!」を付けて、その写真を気に入ったことを投稿者に伝えましょう。また、自分が「いいね!」した写真はあとでまとめて閲覧できるので、「お気に入り」として保存する感覚で「いいね!」をしてもよいでしょう。

写真に「いいね!」する

① 気に入った写真の左下にある♡をタップします。

② ♡が♥に変化して、「いいね!」が完了しました。「いいね!」を取り消したい場合は、再度♥をタップします。

③ 「いいね!」が解除されます。

Memo ダブルタップで「いいね!」を付ける

♡をタップする以外に、「いいね!」を付ける方法があります。気に入った写真の上をすばやく2回タップすると、「いいね!」が付けられます。「いいね!」を解除する場合は、♥をタップします。

第2章 ユーザーとつながって写真を見よう

Section 15 投稿にコメントしよう

気に入った写真には「いいね!」に加え、コメントを残すことができます。写真についての感想を自分の言葉で伝えましょう。コメントには絵文字も使えますが、iPhoneとAndroid間で表示できないものもあるので注意が必要です。

写真にコメントする

(1) 写真の下部にある○をタップします。

(2) 画面が切り替わったらコメントを入力し、最後に＜投稿する＞をタップします。

(3) コメントが投稿されました。

(4) コメントを削除するにはコメント部分を左方向にスワイプし、表示される🗑をタップします。

第2章 ユーザーとつながって写真を見よう

Section 16 インスタグラムからのお知らせを見よう

自分の投稿への「いいね!」やコメント、新しいフォロワーは、「お知らせ」で確認できます。また、自分がフォローしているユーザーがどんな投稿に「いいね!」したかをチェックすれば、新しいユーザーを発見するきっかけになるでしょう。

お知らせを見る

① 新着のお知らせがあると、アイコンと数字で通知されます。内容を確認するには、♡をタップします。

② <あなた>をタップして、自分宛のお知らせをチェックします。右側のサムネイルをタップします。

③ 「いいね!」やコメントが付いた投稿が表示され、自分が付けたコメントへの返信も確認できます。

Memo コメントに「いいね!」を付ける

「いいね!」を追加できるのは、写真の投稿だけではありません。コメントの右側に表示される♡をタップすると、そのコメントに「いいね!」が追加されます。

お知らせからフォローバックする

① 「お知らせ」には、「○○さんがあなたをフォローしました」という通知も含まれます。フォローしてくれた相手をフォローバックするには、＜フォローする＞をタップします。

② 「フォローする」の表示が「フォロー中」に変わります。

③ 誤ってフォローしてしまった場合は、手順②で＜フォロー中＞をタップし、表示されるポップアップウィンドウで＜フォローをやめる＞をタップします。

Memo フォロー中のユーザーのアクティビティを見る

「お知らせ」は、「あなた」と「フォロー中」の2つの項目に分かれています。このうち「フォロー中」の画面では、フォローしているユーザーが付けた「いいね!」や新規フォローがチェックできます。

第2章 ユーザーとつながって写真を見よう

Section 17 投稿を保存してあとから見よう

あとからじっくり眺めて楽しみたい写真は、ブックマークを付けて保存しておきましょう。「いいね!」を付けた写真と違って、写真を保存したことはほかのユーザーには公開されないので、自分だけの楽しみとしてキープできます。

写真を保存する

① 気に入った投稿写真の右下にある🔖をタップします。

② しおりのアイコンの色が黒に変わったことを確認して、ナビゲーションメニューの👤をタップします。

③ 自分のプロフィール画面で、🔖をタップします。

④ <すべて>をタップすると、保存した写真を閲覧できます。一方、「コレクション」は保存した写真をカテゴリ別に分類する機能で、アルバムのような役割をします。

第2章 ユーザーとつながって写真を見よう

Section 18 「いいね!」した投稿をまとめて見よう

「いいね!」した写真は、あとからまとめて閲覧できます。Sec.17の「保存」と同じような機能ですが、「保存」はブックマーク、「いいね!」はコミュニケーションの手段といったように使い分けるとよいでしょう。

いいね!した写真を表示する

① ナビゲーションメニューの👤をタップしてプロフィール画面を表示し、⚙をタップします。

② オプション画面で、<「いいね!」した投稿>をタップします。

③ 「いいね!」した投稿がサムネイルで一覧表示されます。☰をタップします。

④ 連続表示に切り替わり、上下にスクロールして閲覧できます。

Section 19 フォロー・フォロワーの一覧を整理しよう

フォローやフォロワーの数が増えてくると、誰をフォローして、誰にフォローされたかわからなくなってしまうこともあります。ときにはフォローまわりをチェックしてフォローバックしたり、フォローを解除したりといった整理も必要です。

フォロー中のユーザーを確認する

① ナビゲーションメニューの人をタップしてプロフィール画面を表示し、＜フォロー中＞をタップします。

② フォロー中のユーザーが一覧表示されます。フォローを解除したいユーザーがいる場合は、その右側の＜フォロー中＞をタップします。

③ フォロー解除を確認するメッセージが表示されたら、＜フォローをやめる＞をタップしてフォローを解除します。

Memo フォローをやめると通知される？

フォローを解除しても相手には通知されません。相手があなたをフォローしている場合でも、相手からのフォローは解除されません。

フォロワーを確認する

1. ナビゲーションメニューの ♃ をタップしてプロフィール画面を表示し、＜フォロワー＞をタップします。

2. 自分をフォローしているユーザーが一覧表示されます。「フォローする」の表示は、自分からはフォローしていないことを意味します。フォローを返すには、＜フォローする＞をタップします。

3. 表示が「フォロー中」に変わります。

Memo ほかのユーザーのフォローとフォロワー

ほかのユーザーのプロフィール画面でも、そのユーザーのフォローとフォロワーの一覧を見ることができます。自分のフォロー・フォロワーも、ほかのユーザーに公開されています。お気に入りのインスタグラマーがフォローしているユーザーリストから、新たなお気に入りを発見できるかもしれません。

第2章 ユーザーとつながって写真を見よう

Section 20 ユーザーとメッセージのやり取りをしよう

「インスタグラム・ダイレクト」は、ユーザーとメッセージをやり取りするコミュニケーションツールです。オープンなコメントとは対照的に、指定した相手のみとやり取りする機能で、写真を送信することもできます。

メッセージを送信する

① ホーム画面で▽をタップします。

② 「ダイレクト」画面で、右上の＋をタップします。

③ メッセージを送信するアカウントをタップして、＜次へ＞をタップします。送信先を複数選択することも可能です。

Memo プロフィールからメッセージを送信する

インスタグラム・ダイレクトは、フォローしていないユーザー宛にもメッセージが送れます。その場合は、送信先となる相手のプロフィール画面で＜メッセージ＞をタップします。

④ 画面下部の入力エリアにメッセージを入力してから、<送信>をタップします。

⑤ 送信したメッセージがグレーの吹き出し内に表示されます。

受信したメッセージを確認する

① メッセージの着信があるとホーム画面の右上に赤いアイコンが表示されるので、タップします。

② 受信したメッセージはこの画面にリスト表示されます。まずは届いたメッセージをタップしてみましょう。

③ 内容が表示されました。相手からのメッセージは、白の吹き出し内に表示されます。

④ 返信するには、テキスト入力エリアにメッセージを入力します。そのほかに、をタップして写真を送ることも可能です。また、相手からのメッセージの上をダブルタップすれば、メッセージに対して「いいね!」できます。

第2章 ユーザーとつながって写真を見よう

Section 21 投稿をSNSでシェアしよう

友達とシェアしたくなるような素敵な写真や面白い作品に出会ったら、インスタグラム の共有機能を使ってSNSでかんたんにシェアできます。インスタグラムとの親和性が 高いFacebookと、そのほかのSNSに転送する方法をそれぞれ紹介します。

Facebookでシェアする

① シェアしたい投稿を表示した状態で、写真右上の…（Androidでは：）をタップします。

② 表示されたメニューから＜Facebookでシェア＞をタップします。

③ テキスト入力エリアに本文を入力し、＜投稿する＞をタップします。

④ インスタグラムからシェアした写真が、Facebookのタイムラインに投稿されます。

📷 リンクをコピーしてシェアする

(1) シェアしたい投稿を表示して、右上の…をタップします。

(2) 表示されたメニューから＜リンクをコピー＞をタップします。

(3) リンクがクリップボードにコピーされます。

(4) 投稿先のSNS（ここではTwitter）の入力欄に本文を入力後、手順②でコピーしたリンクをペーストして、＜ツイート＞をタップします。

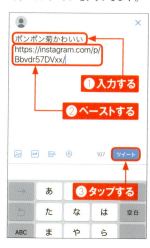

(5) インスタグラムへのリンク付きのツイートが投稿されます。

column 流行がわかる!人気のハッシュタグを調べよう

● ハッシュタグでできること

ハッシュタグは、キーワードの文頭に「#」を付けた文字列のことで、同じハッシュタグを持つ投稿をまとめて表示する機能があります。SNSなどの投稿に追加することで、その投稿の内容をカテゴライズする役割を果たし、投稿数を調べることによって今どんなキーワードが話題になっているかを知る手がかりになります。

● 人気のハッシュタグの調べ方

インスタグラムでは、興味あるキーワードをタグ検索すれば、そのハッシュタグを付けた投稿や関連タグから、新しいユーザーや情報に出会うチャンスも生まれるでしょう。とはいえ、地道にタグを検索するだけでは、どのハッシュタグが人気なのかはわかりません。そこで利用したいのが、インスタグラムのトレンド解析です。以下の2つのサイトで、人気のハッシュタグを調べてみましょう。

「WEBSTA」
https://websta.me/hot
インスタグラムの人気ハッシュタグの世界ランキングがチェックできます。

「TOKYO TREND PHOTO Pro」
http://tokyotrend.photo/pro/
人気上昇中の日本語ハッシュタグも参考になります。

第3章

写真を加工して投稿しよう

Section 22	写真を撮影して投稿しよう
Section 23	写真にフィルターをかけよう
Section 24	写真を傾けたりトリミングしたりしよう
Section 25	写真の明るさを変更しよう
Section 26	写真の色合いを変更しよう
Section 27	写真を好みの雰囲気に加工しよう
Section 28	ハッシュタグを付けてみよう
Section 29	ユーザーや位置情報をタグ付けしよう
Section 30	ほかのSNSにも同時に投稿しよう
Section 31	スマートフォンの中の写真を投稿しよう
Section 32	コラージュ画像を投稿しよう
Section 33	動画を投稿しよう
Section 34	スマートフォンの中の動画を投稿しよう
Section 35	繰り返す短い動画を投稿しよう
Section 36	投稿に付いたコメントに返信しよう
Section 37	投稿を削除しよう
Section 38	投稿を編集しよう
Section 39	24時間で消える写真をメッセージで送ろう
Section 40	投稿した写真をメッセージで送ろう
Section 41	フィルターを並べ替えよう

第3章 写真を加工して投稿しよう

Section 22 写真を撮影して投稿しよう

ほかのユーザーが投稿した写真を見るのは楽しいものですが、やはり自分で撮った写真や動画をアップロードして多くの人に見てもらってこそのインスタグラムです。まずは、アプリで撮影した写真を公開する手順を紹介します。

写真を撮影して送信する

① ナビゲーションメニューの⊕をタップします。

② 切り替わった画面で<写真>をタップします。被写体にカメラを向けたあと、○をタップして撮影します。

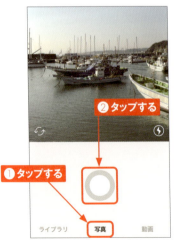

③ 撮影した写真が表示されたら、内容を確認して<次へ>をタップします。

④ キャプションを入力し、<OK>をタップします。

(5) 内容を確認し、＜シェアする＞をタップします。

(6) 写真が投稿されました。

Memo 写真の明るさをLuxで調整する

インスタグラムには、画像を編集する機能がいくつか用意されています。撮影直後の画面にある「Lux」も編集機能の1つで、☀をタップして表示されるバーをスライドして写真の明るさを調整することができます。 なお、「編集」画面から明るさを調整する方法はSec.25で解説します。

第3章 写真を加工して投稿しよう

第3章 写真を加工して投稿しよう

Section 23 写真にフィルターをかけよう

インスタグラムの編集機能は、「フィルター」と「編集」に分かれています。そのうち「フィルター」は、写真の雰囲気をかんたんに変えられる便利な機能です。写真にフィルターを適用する手順と、おもなフィルターの種類を見てみましょう。

撮影した写真にフィルターを適用する

① P.52の手順①を参考に「写真」画面を表示し、○をタップして撮影します。

② 好みのフィルターをタップして選択し、撮影した写真に適用します。適用の度合いを調整する場合は、再度同じフィルターをタップします。

③ 表示されるバーをスライドして、フィルターの適用の度合いを調整します。

④ □をタップすると、フレーム(枠線)が追加されます。フレームはフィルターごとに異なるデザインが用意されています。

📷 フィルターの種類を覚えよう

● Clarendon
● Gingham
● Moon
● Lark

● Reyes
● Juno
● Slumber
● Crema

● Ludwig
● Aden
● Perpetua
● Amaro

● Mayfair
● Rise
● Hudson
● Valencia

● X-Pro Ⅱ
● Sierra
● Willow
● Lo-Fi

● Inkwell
● Hefe
● Nashville

第3章 写真を加工して投稿しよう

第3章 写真を加工して投稿しよう

Section 24 写真を傾けたりトリミングしたりしよう

写真の傾きが気になるときは、「編集」画面で調整しましょう。インスタグラムの角度調整は、傾きのほかに歪みの補正も行える便利な機能です。また、画面を指で広げたり閉じたりするだけのかんたんな操作で、トリミングも行えます。

写真の傾きを補正する

① ナビゲーションメニューの⊕をタップして投稿する写真を選択し、＜編集＞をタップします。

② ＜調整＞をタップします。

③ ☰をタップし、その下の目盛りを左右にスライドして傾きを調整します。▢をタップすると縦軸、▢をタップすると横軸の歪みをそれぞれ調整できます。

④ 調整ができたら＜完了＞をタップします。

⑤ 投稿画面に進むには＜次へ＞をタップします。

Memo 写真をトリミングする

写真の不要な部分を取り除き、見せたい部分を切り出すことをトリミングといいます。インスタグラムでは、「調整」画面で写真をピンチイン／ピンチアウトすることでトリミングできます。

写真を回転させる

① 写真の縦横の位置を正すには、「調整」画面右上の⟲をタップします。

② ⟲をタップするごとに、反時計回りに90°ずつ回転します。

第3章 写真を加工して投稿しよう

Section 25 写真の明るさを変更しよう

インスタグラムには、「明るさ」や「コントラスト」、「ハイライト」や「影」などさまざまな調整機能が用意されています。たとえば、明るさを上げてコントラストを抑えることで明るく優しい印象になるなど、写真の雰囲気作りにも役立ちます。

明るさを調整する

(1) 写真を選択して＜編集＞をタップし、＜明るさ＞をタップします。

(2) 表示されるバーを右方向にスライドすると、明るさが増します。

(3) バーを左方向にスライドさせると暗さが増します。白飛びしてしまった写真の補正にも利用できます。

(4) 明るさが調整できたら、＜完了＞をタップします。

そのほかの調整機能

●コントラスト

「コントラスト」では、バーを右方向にスライドするとコントラストが上がり、画像がくっきりします。バーを左方向にスライドすると、コントラストが下がって画像によっては平板な印象になります。

●ハイライト

「ハイライト」では、画像の明るい部分の光量を調整できます。白飛びしているような画像では、バーを左方向にスライドして陰影を加えます。

●影

「影」では、画像の暗くなった部分の光量を調整できます。シャドウ部が黒くつぶれてしまった画像では、バーを右方向にスライドして光量を上げます。

 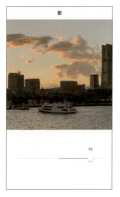

第3章 写真を加工して投稿しよう

Section 26 写真の色合いを変更しよう

スマートフォンやデジカメで撮影した写真は、自動補正されることがあります。実際より少し鮮やかに補正された写真を実際の色味に近い自然な彩度に変更したり、夕暮れの空を少し赤めに強調したりといった調整も可能です。

色合いを調整する

●暖かさ

「暖かさ」は「色温度」とも呼ばれ、プラスの調整で黄味が増して暖かさを感じる色味になります。バーを左方向にスワイプすると青味が増して、寒色に寄ります。黄味が強い写真を調整して色被りを補正する際にも利用できます。

●彩度

色の鮮やかさは「彩度」で調整できます。バーを右方向にスライドすると彩度が上がり、左方向にスライドすると彩度が下がります。

色味を変更する

1 「色」の調整画面で<影>をタップし、色を選択します。暗い部分の色味が変わります。

2 手順①で選択した色を再度タップするとバーが表示され、スライドすることで色味の分量を調整できます。

3 次に<ハイライト>をタップして、明るい部分に適用したい色を選択します。

4 手順②と同様にもう一度色をタップし、バーをスライドして調整を行います。

第3章 写真を加工して投稿しよう

Section 27 写真を好みの雰囲気に加工しよう

画像をくっきり見せるか、少しぼんやりさせるかだけでも、写真の印象は変わります。インスタグラムに用意されたツールを組み合わせて、自分好みのイメージに写真を加工してみましょう。

写真の雰囲気を変更する

●ストラクチャ

「ストラクチャ」を適用すると、被写体の輪郭を際立たせることができます。効果を強くしすぎると画像が粗く見えることがあるため、注意しましょう。

●フェード

「フェード」は、コントラストや彩度を下げて、どこかノスタルジックな柔らかい印象の写真に仕上げます。

●ビネット

レンズの特性である周辺光落ちを模した効果の「ビネット」を使うと、周辺が暗くなり、中心部が引き立ちます。

●チルトシフト

ジオラマ風に加工する「チルトシフト」を利用して、被写体の周囲をぼかすテクニックも知っていると便利です。形は円形と直線を選択できます。

●シャープ

わずかな手ブレや被写体ブレは、「シャープ」で引き締めることができます。また、カリカリとした質感が欲しいHDR風の加工にも使えます。

第3章 写真を加工して投稿しよう

第3章 写真を加工して投稿しよう

Section 28 ハッシュタグを付けてみよう

投稿する写真に関連するキーワードをハッシュタグとして付けておけば、より多くのユーザーの目に留まるチャンスが増えます。また、自分だけのハッシュタグを付けることで、アルバムのようにまとめて眺めることも可能です。

キャプションにハッシュタグを追加する

1. 投稿画面で、キャプション入力欄に「#」に続いてキーワードを入力します。入力中に表示される候補をタップして追加することもできます。

2. 「#」を追加することで、複数のハッシュタグを入力できます。入力が完了したら<OK>をタップします。

3. <シェアする>をタップすると、ハッシュタグが追加された写真が投稿されます。

Memo ハッシュタグの付け方

「#」を入力後、スペースを開けずにキーワードを入力します。ハイフンやピリオドなどの記号は使えないので注意しましょう。

同じハッシュタグが付いた写真を見る

(1) 任意のハッシュタグをタップします。ここでは自分が投稿した写真に付けたハッシュタグをタップします。

(2) ハッシュタグはリンクとして扱われるため、任意のハッシュタグをタップすることで、そのハッシュタグが付いた写真が一覧表示されます。

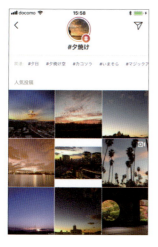

(3) 手順②の画面で「関連」ハッシュタグをタップすれば、また別の写真を見ることができます。

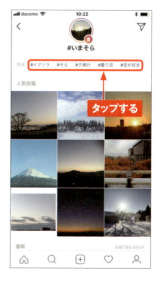

Memo ハッシュタグはいくつ付けられる?

1つの投稿に追加できるハッシュタグの上限は30個です。キャプション欄のほか、コメント欄に付けたタグもカウントされます。ただし、同じタグが重複している場合は、1つのタグとしてカウントされます。

第3章 写真を加工して投稿しよう

Section 29 ユーザーや位置情報をタグ付けしよう

投稿には、その写真の撮影時に一緒にいたユーザーや撮影場所をタグ付けできます。追加したタグは、ユーザーのプロフィールや、同じ場所で撮影された写真の一覧へリンクされます。旅行の記録やお気に入りの場所を共有しましょう。

ユーザーの情報をタグ付けする

① 投稿画面で、<タグ付けする>をタップします。

② 「タグ付けする」画面に切り替わったら、写真の一部をタップします。

③ タグ付けしたいユーザー名を検索欄に入力し、候補から友達をタップします。

④ 写真にタグが配置されたことを確認したら、<完了>をタップします。なお、配置されたタグは長押しすることで移動できるようになります。

位置情報を追加する

1 投稿画面で、＜位置情報を追加＞をタップします。

2 スマートフォンの位置情報サービスがオフになっている場合は、「設定」から位置情報サービスをオンにしましょう。位置情報がオンになっていると、撮影地やその付近の情報が自動で候補に表示されます。候補の中に撮影地がない場合は場所の名前や住所を入力し、候補に表示される場所をタップします。

3 位置情報とタグ付けしたユーザーが追加されたことを確認して、＜シェアする＞をタップします。

4 友達と場所のタグが付いた写真が投稿されます。

第3章 写真を加工して投稿しよう

Section 30 ほかのSNSにも同時に投稿しよう

インスタグラムに写真をアップロードする際、FacebookやTwitterなどのほかのSNSにも同時に投稿できます。インスタグラムから直接ほかのSNSに投稿する場合、初回に限り接続操作が必要です。

投稿先にFacebookを含める

① 投稿画面で、「Facebook」の右側にある ○ をタップします。

③ 接続方法を選択します。ここでは＜Facebookアプリでログイン＞をタップします。

② 共有の許可を求めるメッセージが表示されたら、内容を確認して＜続ける＞をタップします。

④ ＜友達＞をタップして投稿の公開範囲を選択したら、＜OK＞をタップします。

Twitterと連携する

1. 投稿画面で「Twitter」の右側にある ○ をタップします。

2. TwitterのIDとパスワードを入力し、＜連携アプリを認証＞をタップします。

ほかのSNSに同時投稿する

1. FacebookとTwitterが投稿先として選択されたことを確認し、＜シェアする＞をタップします。

2. インスタグラムに投稿した写真が、ほかのSNSでも反映されます。

Memo 「シェア設定」を確認する

投稿のシェア先として登録したアカウントは、プロフィール画面の ✿ →＜リンク済みアカウント＞で確認できます。

第3章 写真を加工して投稿しよう

Section 31 スマートフォンの中の写真を投稿しよう

インスタグラムでは、アプリを使ってその場で撮影した写真のほかに、スマートフォンに保存済みの写真や動画の投稿も可能です。アプリで撮影した写真と同じように、フィルターや詳細設定を加えて投稿できます。

保存済みの写真を投稿する

1 ナビゲーションメニューの⊕をタップします。

2 ＜ライブラリ＞をタップすると、スマートフォンに保存されている画像が一覧で表示されます。投稿したい写真をタップします。

3 長方形の写真を投稿したいときは、をタップします。＜次へ＞をタップします。

4 ここからはSec.22～27を参考に、写真を自由に編集して投稿しましょう。

複数の写真を投稿する

1 P.70手順①〜②を参考に写真の選択画面を表示し、＜複数を選択＞をタップします。

2 投稿する写真をすべてタップして＜次へ＞をタップします。投稿後、写真はタップした順に表示されます。

3 ここでいずれかのフィルターをタップすると、すべての写真に適用されます。編集が完了したら、＜次へ＞をタップします。

4 投稿内容を確認し、＜シェアする＞をタップします。

5 写真を複数投稿すると、写真の下に が表示されます。左右にスワイプすると、ほかの写真を表示できます。

Memo 複数の写真を個別に編集する

複数の写真を投稿する際、手順③で編集したい写真のサムネイルをタップすると、その写真だけを個別に編集できます。なお、一度に投稿できる写真は10枚までです。

第3章 写真を加工して投稿しよう

Section 32 コラージュ画像を投稿しよう

1枚の画像に複数の写真を配置したコラージュ写真は、専用のアプリを使って作成します。ここではインスタグラムが配布しているアプリを利用しますが、好きなコラージュアプリを使って保存したものを投稿してもよいでしょう。

「Layout」でコラージュを作成する

(1) ナビゲーションメニューの⊕をタップします。

(2) <ライブラリ>をタップし、◉をタップします。

(3) 表示される画面で<レイアウトを作成>をタップします。

(4) コラージュしたい写真を選択し、画面上部のレイアウトパターンをタップします。

⑤ 写真の並べ替えや幅などは、ドラッグすることで変更できます。編集が完了したら＜保存＞をタップします。

⑥ ＜INSTAGRAM＞をタップして、作成したコラージュを共有します。

⑦ インスタグラムの編集画面にコラージュした写真が表示されます。＜次へ＞をタップして写真を投稿します。

⑧ コラージュした画像が投稿されます。

Memo 「Layout」をダウンロードする

「Layout」はApp Storeからダウンロードする必要があります。P.72手順②のあとに表示される画面の＜Layout をダウンロード＞をタップして、アプリを入手しましょう。

第3章 写真を加工して投稿しよう

Section 33 動画を投稿しよう

インスタグラムのカメラによる動画の撮影方法は、スマホのカメラとは少し異なります。ボタンをタッチしている間だけ録画され、1分間を上限に撮影した複数のカットをつなげるしくみです。また、写真と同様に動画にもフィルタを適用できます。

動画をその場で撮影して投稿する

1 ナビゲーションメニューの⊕をタップし、＜動画＞をタップします。

2 被写体にカメラを向けて、○を、撮影したい分だけタッチし続けます。いったん指を離して、また別のシーンを撮影できます。

3 撮影が終了したら、＜次へ＞をタップします。

Memo 投稿可能な動画の再生時間

インスタグラムに投稿できるのは、再生時間が3秒以上60秒以内の動画です。3秒に満たない動画や1分を超える動画は、原則投稿できないので注意が必要です。

④ フィルターを適用する場合は、適用したいフィルターをタップします。

⑤ ＜カバー＞をタップして、サムネイルとして表示するフレームをタップして選択してから、＜次へ＞をタップします。

⑥ キャプションを入力し、同時投稿したいサービスがある場合は〇をタップして、＜シェアする＞をタップします。

⑦ 投稿された動画は自動再生されます。音声を聴くには、動画をタップします。

Memo 動画の設定を確認する

手順⑤の画面で をタップすると、手ブレの自動補正機能を利用できます。🔊 をタップすると、音が入らないように動画を投稿できます。

第3章 写真を加工して投稿しよう

Section 34 スマートフォンの中の動画を投稿しよう

インスタグラムで公開できる動画は、1分以内と規定されています。手持ちの動画が1分を超える場合は、時間内に収まるようにトリミングしましょう。ここでは、スマートフォンに保存されている撮影済みの動画を投稿する方法を解説します。

保存済みの動画を投稿する

① ナビゲーションメニューの⊕をタップし、＜ライブラリ＞をタップします。

② 投稿する動画を選択します。オリジナルの長方形で投稿したい場合は、●をタップして、＜次へ＞をタップします。

③ 「フィルター」画面では、必要に応じてフィルターを選択します。

④ ＜長さ調整＞をタップして、クリップを選択します。

⑤ 始点と終点のハンドルをドラッグして動画の長さを調整し、<完了>をタップして確定します。

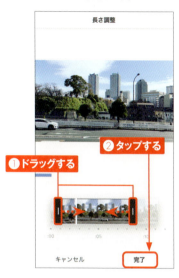

⑥ <カバー>をタップして、サムネイルとして表示するフレームをタップして選択したら、<次へ>をタップします。

⑦ 投稿内容を確認し、<シェアする>をタップします。

⑧ 動画が投稿されます。

Memo 複数の動画をつなげる

手順④の画面で＋をタップすると、投稿する動画を追加することができます。また、短いクリップをつなげて1本の動画を作ることも可能です。その場合も、1分以内に収まるように調整しましょう。

第3章 写真を加工して投稿しよう

Section 35 繰り返す短い動画を投稿しよう

インスタグラムでは、専用アプリ「Boomerang(ブーメラン)」を使って、同じフレームを繰り返す短い動画を作成することができます。かんたんに作れるので、挑戦してみましょう。

ブーメランでループ動画を作成する

① ナビゲーションメニューの⊕をタップし、「ライブラリ」画面で◎をタップします。

② ブーメランが起動します。被写体にカメラを向けて◯をタップします。

③ 撮影が終了したら、共有先として<INSTAGRAM>をタップします。

④ インスタグラムの編集画面に戻ります。

⑤ <カバー>をタップして、サムネイルにするフレームをタップしてから、<次へ>をタップします。

⑥ 投稿内容を確認して、<シェアする>をタップします。

⑦ 短いループ動画が投稿されます。

Memo ブーメランで作るループ動画

「ブーメラン」は、◯をタップすると1秒間に5枚の写真を撮影し、それを繰り返し再生するしくみのアプリです。未インストールの場合は、あらかじめダウンロードしておくか、●をタップしたあとに表示される画面からアプリをインストールしましょう。

第3章 写真を加工して投稿しよう

Section 36 投稿に付いたコメントに返信しよう

投稿に寄せられたコメントには、「いいね!」を付けたり返信したりできます。コメントへの返信は、もとのコメントに対して右に寄せて表示されるので、どのコメントへの返信かが一目でわかります。

コメントに返信する

① ♡をタップして「お知らせ」を確認し、コメントが付いた投稿をタップします。

② ♡またはコメント部分をタップします。

③ コメント下部の<返信する>をタップし、返信の内容を入力したら、<投稿する>をタップします。

④ もとの投稿のスレッドに返信が表示されます。なお、コメントに「いいね!」するには、♡をタップします。

第3章 写真を加工して投稿しよう

Section 37 投稿を削除しよう

誤って投稿してしまった写真は削除することができますが、一度削除すると復元できないので注意が必要です。なお、投稿する前の編集段階で＜キャンセル＞をタップすると、下書きとして保存することもできます。

投稿した写真を削除する

1. 削除したい投稿を表示し、…、（Androidでは︙）をタップします。

2. ＜削除する＞をタップします。

3. 再度＜削除する＞をタップすれば、投稿が削除されます。

Memo 投稿を非公開にする

投稿を削除せずに非公開にするには、手順②の画面で＜アーカイブに移動＞をタップします。アーカイブした投稿は、プロフィール画面の🕘から、投稿者だけが閲覧できます。

第3章 写真を加工して投稿しよう

Section 38 投稿を編集しよう

インスタグラムでは投稿したあとでも、キャプションや位置情報、タグなどの追加・削除が可能です。ただし、写真や動画の再編集や差し替えには対応していないので注意しましょう。

キャプションを追加する

① 編集したい投稿を表示し、…（Androidでは⋮）をタップします。

② <編集する>をタップします。

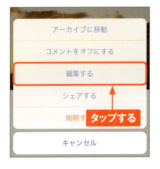

③ キャプションの入力欄をタップします。

④ キャプションやハッシュタグを入力します。

位置情報やタグを削除する

(1) P.82手順①〜②を参考に投稿の編集画面を表示して、位置情報をタップします。

(2) ＜位置情報を削除＞をタップします。

(3) 位置情報が削除されました。続いて、＜2人＞と表示されたタグをタップします。

(4) 削除したいタグをタップします。

(5) ⊗をタップし、最後に＜完了＞をタップします。

第3章 写真を加工して投稿しよう

Section 39　24時間で消える写真をメッセージで送ろう

インスタグラムには、24時間で投稿した画像や動画が消える「ストーリーズ」という投稿機能があります（第5章参照）。ストーリーズを利用して、相手が閲覧すると消える写真をインスタグラム・ダイレクトで送ってみましょう。

消える写真をインスタグラム・ダイレクトで送る

1. ホーム画面で◎をタップします。

2. カメラが起動したら、○をタップして撮影します。動画を撮る場合は、ボタンをタッチし続けます。

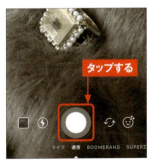

3. 画面上部のツールでステッカーや文字を追加できます。編集後、＜宛先＞をタップします。

4. 送信先のユーザーをタップして選択し、＜送信＞をタップします。

メッセージで届いた写真を表示する

1 ホーム画面右上の ❶ をタップします。

2 未読の新着メッセージをタップします。

3 メッセージを開くと、写真や動画が再生されます。

Memo 再生やスクリーンショットなどのアクションは通知される

送信先の相手が、消える写真や動画のメッセージを閲覧したりスクリーンショットを撮ったりすると、そのアクションは送信元のユーザーに通知されます。相手が閲覧すると、24時間を待たずに写真や動画は消え、メッセージだけが残ります。

第3章 写真を加工して投稿しよう

Section 40 投稿した写真をメッセージで送ろう

インスタグラムに公開された写真は、友達にメッセージとして送信できます。ここでは、自分の投稿した写真を例にメッセージを送信しますが、ほかのユーザーの写真をシェアすることもできます。

自分の投稿を友達に送信する

① 送信したい投稿の下にある▽をタップします。

③ メッセージを入力し、＜送信＞をタップします。

② 宛先をタップして選択します。

④ 送信したメッセージは、インスタグラム・ダイレクトの画面で確認できます。

第3章 写真を加工して投稿しよう

Section 41 フィルターを並べ替えよう

タップするだけで写真の雰囲気を変える「フィルター」は、初期状態で23種類が表示されていますが、ほかにも用意されています。管理画面で、よく使うフィルターの選択や並べ替えを行い、使い勝手の向上を図りましょう。

フィルターを管理する

① 写真の投稿画面で、＜フィルター＞をタップします。フィルター部分を左方向にスワイプして、右端の＜管理＞をタップします。

② 使用したいフィルターにチェックを付けます。

③ ≡を上下にドラッグすると、フィルターを並べ替えることができます。最後に、＜完了＞をタップします。

④ フィルターの編集が完了しました。

column 被写体別おすすめフィルター

インスタグラムには、全部で40種類ものフィルターが用意されています。それぞれのフィルターは、彩度や色温度、コントラストなどがあらかじめ調整されており、撮影時の天候や光の加減、そして好みに応じて適用できます。

●自然／ランドスケープ

フィルター名：Skyline
色を鮮やかに、明るくくっきりさせるフィルターで、風景やポートレートにもマッチします。

フィルター名：Gingham
彩度やコントラストを下げ、全体の明るさを上げた「ハイキー」写真風に仕上がります。

●食べもの・カフェ

フィルター名：Lo-Fi
彩度を上げたうえにシャドー部を際立たせ、鮮やかな印象になるトイカメラ風フィルターです。

フィルター名：Crema
彩度を抑えて全体のトーンを均一に仕上げます。カフェなどで室内光の影響を抑える効果があります。

第4章

インスタ映えする！写真の撮影テクニック

Section 42	「いいね!」をたくさん集めるヒント
Section 43	インスタ映えする構図やアングルを知ろう
Section 44	写真撮影・加工に使えるおすすめアプリ
Section 45	スマートフォンで写真を撮るときに役立つ小道具
Section 46	料理やスイーツをおいしそうに撮ろう
Section 47	動物を可愛らしく撮ろう
Section 48	風景を印象的に撮ろう
Section 49	空をダイナミックに撮ろう
Section 50	夜景を美しく撮ろう
Section 51	旅行先や観光地の思い出を楽しく撮ろう
Section 52	服やコーディネートをおしゃれに撮ろう
Section 53	植物を鮮やかに撮ろう
Section 54	タイムラプス動画を投稿しよう
Section 55	一眼レフでワンランク上の写真を撮ろう
Section 56	デジカメや一眼レフで撮った写真を投稿しよう

Section 42 「いいね!」をたくさん集めるヒント

自分の投稿に注目を集めるには、ハッシュタグの利用が効果的です。タグをたどって写真を見に来た人がほかの写真も見たくなるような、繰り返し訪れたくなるような、そんな写真作りのヒントを紹介していきます。

被写体によって撮り方が変わる

おしゃれなカフェに可愛いスイーツ、ストリートスナップやランドスケープ、ポートレートや毎日のコーディネートなど、撮るものによってベストな構図や光の取り入れ方は変わってきます。風景ならパンフォーカス、小さな草花なら思い切り寄ってマクロといった撮影方法が見えてきます。また、カフェのコーヒーとスイーツなら窓から入る自然光を味方につけて、ディナーのテーブルではあたたかみのある照明効果で、よりおいしそうに見せることもできます。まずは、撮りたいものを絞ってみましょう。

編集で雰囲気のある写真に仕上げる

写真を撮影したあとの作業が、編集です。インスタグラムの多種多様な編集ツール以外にも、サードパーティーのアプリを併用することで、より印象的な風合いに仕上がります。ふんわりしたノスタルジックな雰囲気なら「フェード」、鮮やかさを際立たせるなら「彩度」など、どのように見せたいかをイメージしながら編集すれば、自ずと使用する編集機能が決まります。

プロフィールページを上手に使う

写真に興味を持った人が訪れるのが、プロフィールページです。写真のサムネイルが一覧表示されるプロフィール画面は、ポートフォリオのような役割になります。ある程度統一感のある写真が並んでいれば、閲覧者は一目でそのユーザーの趣向がわかります。いろいろな写真を投稿したい場合は、趣味用や動物用など、写真のテーマごとにアカウントを分けるのも1つの方法です。

Section 43 インスタ映えする構図やアングルを知ろう

写真を撮影する際に覚えておきたいのが、定番といわれる構図です。人の視線が集中するポイントや並べ方を考慮して被写体を配置する技法には、「三分割法」や「日の丸構図」といったほかにも、「斜線構図」や「放射構図」などがあります。

三分割法と日の丸構図

被写体を真ん中に据えて正面から撮影した写真を、「日の丸構図」と呼びます。まさに日の丸の旗のような構図です。対して「三分割法」は、縦横を均等に三分割する線を引き、交差する点の上に被写体を配置する方法です。全体のバランスが安定し、見る人の視点が落ち着くことから「黄金分割」と呼ばれることもあります。一方で、初心者に多い構図といわれる「日の丸」も、見せたいものに視線を集中させたいときに効果的です。縦横比1:1のスクエア写真が基本のインスタグラムでは、「日の丸」が映えることもよくあります。被写体によって三分割法と日の丸を使い分けるとよいでしょう。

●三分割法

●日の丸構図

Memo カメラのグリッド線を活用する

スマートフォンを含む多くのカメラでは、設定で撮影時にグリッド線を表示できます。グリッド線は水平をとるだけでなく三分割法の分割線の役割を果たすので、撮り方に迷ったらグリッド線を使って構図を決めるとよいでしょう。

斜線構図と放射構図

斜線構図と放射構図はどちらも斜めに引いた線をイメージして撮影する構図で、奥行きを表したいときに利用する方法です。たとえば、塀を正面から撮ると水平に二分割される構図が、斜めの視点から撮ると全体に奥行きが出ます。また、中心点を奥に配置して放射状に線を引いたイメージでは、トンネルのような効果が得られます。

● 斜線構図

● 放射構図

真俯瞰／対角線と三角構図

インスタグラムでよく見られる「置き画」の基本となる、食べ物や小物を真上のアングルから撮る方法を「真俯瞰」といいます。食べ物を撮影する際は、盛り付けの美しさやテーブル全体の華やかさを見せたいときに効果的です。被写体そのものの質感や色味などのディテールを見せたいときは、真上ではなく横から、あるいは斜め上方から近付いて撮影します。このとき複数の被写体がある場合は、対角線や三角構図を意識するとバランスがよくなります。

● 真俯瞰

● 三角構図

Section 44 写真撮影・加工に使える おすすめアプリ

インスタグラムの標準アプリだけでも十分な編集機能が利用できますが、サードパーティーのアプリを利用することで、撮影や編集の幅がぐんと広がります。ここでは、インスタグラムを楽しむのに役立つカメラアプリや画像加工アプリを紹介します。

インスタグラムに便利な撮影・加工アプリ

● Foodie

食べ物の撮影に特化したカメラアプリです。食べ物のジャンル別にフィルターが用意されており、その被写体にとってベストな写真を撮ることができます。シャッター音も鳴らないので、レストランなどのマナーが気になる場所でも気軽に撮影できるのがポイントです。

● Huji Cam

フィルムカメラで撮ったようなレトロな写真を撮影できるカメラアプリです。何気ない写真が一気に味のある仕上がりになります。フィルムカメラと同じように写真に撮影した日付を入れることができ、現在または20年前に設定することができます。

●正方形さん

長方形の写真をかんたんに正方形にできるアプリです。余白の大きさを調整したり、カラーや背景を追加したりできます。投稿写真のサイズに統一感を出したいときに非常に便利です。

●Inshot

BGM付きの動画を作成できるアプリです。BGMには、アプリにはじめから用意されている音楽と、スマートフォン内の音楽を使うことができます。動画のカットやフィルターなどの加工もかんたんに行えます。

●grid-it

写真を3／6／9／12枚に分割できるアプリです。写真の分割後は投稿順を番号で示してくれるので、かんたんにグリッド投稿を行えます。1つの写真を大きく見せることができるので、プロフィールを見たユーザーにインパクトを与えられるでしょう。

第4章　インスタ映えする！写真の撮影テクニック

Section 45 スマートフォンで写真を撮るときに役立つ小道具

撮りたい写真のジャンルによっては、小道具が必要になることもあります。たとえば、夜景やローアングルの写真では、ミニ三脚があると便利です。光を取り入れたポートレートには、レフ板やそれに近いものがあると、写真の出来映えが変わります。

携帯にも便利なミニ三脚

1つあると便利な撮影小道具の代表が、ミニ三脚です。食べ物や小物などの撮影には、スマートフォンを乗せたミニ三脚をテーブルに設置すれば、自分はレフ板の位置を調整しながら撮影するといったことも可能になります。最近では自撮り棒としても使える三脚なども出回っているので、用途に合わせて選ぶ楽しみもあります。

●ミニ三脚

コンパクトなミニ三脚なら、外出時や旅行にも気軽に持ち出せるメリットもあります。

他人に撮影されたような写真が撮れるリモートシャッター

リモートシャッターとは、スマートフォンとシャッターリモコンをBluetoothで接続し、遠く離れた距離からでも、リモコンのボタンを押すだけで写真を撮ることができるアイテムです。三脚などでスマートフォンを固定しておけば、手ぶれの心配やセルフタイマーでの慌ただしさもなく、きれいな写真の撮影が可能です。

●リモートシャッター

カメラから数m離れた場所でもシャッターを切ることができるので、旅行先での記念撮影などに便利です。

工夫次第でさまざまな使い方がある自撮り棒

全身を撮りたいファッションコーディネートをはじめ、グループでの集合写真や旅先での自撮りに欠かせないアイテムが自撮り棒です。棒の長さや撮影する角度で、さまざまなアングルの写真が撮れるので、自撮りだけでなく風景や子供のポートレートなどにも利用できます。

●自撮り棒

普段なかなか撮れないようなアングルでも、自撮り棒なら長さを調節してさまざまな角度や距離に対応できます。

被写体をよりきれいに見せるレフ板

自然光を取り入れた写真はインスタ映えの大きな要素ですが、光の強さや撮影する角度によっては、被写体に影ができてしまいます。そんなときにレフ板を使うことで、影を消したり肌色をきれいに見せたりなど、仕上がりに差がつきます。

●レフ板

コンパクトに折りたためるものも数多く出ていますが、自宅での撮影なら大きな白い画用紙やアルミホイルを使って自作することもできます。

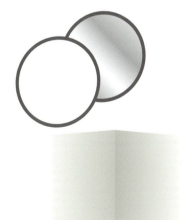

第4章 インスタ映えする！写真の撮影テクニック

Section 46 料理やスイーツをおいしそうに撮ろう

料理は味だけでなく、目でも楽しむものです。自分で作った料理やおしゃれなカフェのスイーツなどをおいしそうに撮ってみましょう。光の入れ方や構図、加工の仕方で、料理を引き立たせることができます。

料理を撮影する

料理の写真を撮影する際は、対角線での構図や俯瞰のアングルがベストです（P.93参照）。この写真は賑やかな週末の朝食が伝わるように、皿やコップを敷き詰めるようにスタイリングしています。ケチャップやマヨネーズなどの生活感のあるものは、全体を写さずに一部を切り取ることで、おしゃれな印象を損わずに仕上がります。

写真のテーマカラーを緑と赤に設定し、写真に統一感を出しています。フレームの余白にいちごをランダムに配置することで、写真全体のバランスをとっています。フィルターを使う際は、料理が冷たい印象に見える寒色系は避けたほうがよいでしょう。暖色系のフィルターは、料理に赤みが出ておいしそうに見せることができます。

📷 スイーツを撮影する

皿を斜めに配置することで、対角線構図を作っています（P.93参照）。この写真のいちごとナプキンのように、被写体の中の1つの色に合わせて小道具を揃えることで、色味を引き締めることができます。料理の皿をすべてフレームに入れてしまうと退屈な印象の写真になってしまうため、皿の一部を切り取るように撮影・加工をすると、ぐっと雰囲気が出ます。

食べ物は、1つの被写体に寄ってアップで撮ることもポイントです。光がケーキの表面に反射しているので、ゼリー部分のツヤが美しく見え、よりおいしそうな写真になります。この写真はガラス製の皿を使っており、全体的にクリアな印象を与えています。

撮影　@rierio05さん

Memo　食べ物の撮影は光や明るさがポイント

料理やスイーツを撮る際には、光や明るさを意識することが大切です。テーブルの上でも場所によって光の入り方が変わるので、ベストなポジションを見つけてみましょう。被写体の瑞々しさなどを表現する「シズル感」も重要なので、カメラの設定を明るくして撮影してみてもよいでしょう。

Section 47 動物を可愛らしく撮ろう

インスタグラムでは、自分の飼っているペットや街で見つけた動物の写真をアップして、フォロワーに魅力を発信しているユーザーが多くいます。動物の可愛い表情や仕草を逃さずに撮影しましょう。

室内で動物を撮影する

動物を室内で撮影する際は、自然光が入る窓辺で撮影しましょう。この写真は、レースカーテンから漏れた優しい光を利用して撮影しています。背景に写り込むものは被写体と少し離すことで、特別なカメラの設定を行わなくても自然とぼやけさせることができます。横からの光でアイキャッチも入り、目がキラキラと可愛く見えます。

季節感のあるクリスマスの小道具と動物と一緒に撮影した写真です。クリスマスカラーの赤いカーペットやクッションをセッティングしています。斜め上からカメラを向けると動物も少し上を向き、アイキャッチが入りやすくなります。動物がメインのとき、小道具をあえて画面から見切れさせれば、被写体の存在が引き立ちます。

屋外で動物を撮影する

犬たちを横並びではなく斜め前から撮影することで、屋外の奥行きが感じられる写真になります。階段があれば1段下に降りたり、地面に寝転がったりすれば、動物と同じ目線になってより可愛らしさを身近に感じることができます。また、動物は動きが多いため、撮影するときは1回のタイミングで何枚も撮るとよいでしょう。

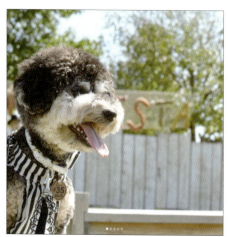

顔の向きは正面ではなくあえて横から撮ると、動物が遠くを見ているように撮影することができます。被写体を左に寄せる構図で、背景を大きく使っておしゃれな看板や緑を写り込ませることで、あたたかく爽やかな雰囲気に仕上がっています。

撮影 @room35.miicoさん

Memo 動物の撮影でフラッシュはなるべく使わない

動物は動きがすばやく、おとなしくしていることのほうが少ないでしょう。フラッシュをオンにすると、動物が光に驚いて逃げてしまったり、表情が変わったりしてしまうこともあるため、フラッシュはオフにしておきましょう。目が赤くなってしまう場合は、カメラの赤目軽減機能を利用することで自然に補正できます。

第4章 インスタ映えする！写真の撮影テクニック

Section 48 風景を印象的に撮ろう

風景写真は構図と色味が決め手です。横で撮るか縦で撮るか、斜めから撮るか正面から撮るか、色味を調整するかしないか、少しの違いで風景の印象は大きく変わります。風景を実際に目にしたときの感動や美しさを写真で表現しましょう。

風景は構図がもっとも重要

放射構図の写真です（P.93参照）。どこまでも続く線路の長さを表現するために、地面と同じ高さから撮り、奥行きを出しています。投稿の際には上下に余白を入れており、より印象的に見えます。

水平線が傾いていると不安定な印象を与えてしまうため、海や建物などの風景は、カメラのグリッド線を利用して真っ直ぐ撮ることがポイントです。上の余白を空けて大きく空を入れることで、空の広さを表現することができます。

季節感のある写真を撮影する

風景はさまざまな被写体が写り込むので、それぞれの色味がきれいに表現できるように加工しましょう。この写真では、桜のピンクと菜の花の黄色の淡い色が伝わるように加工しています。走る電車を撮る際は、一眼レフではシャッタースピードを早めに設定、スマートフォンでは連写機能を活用するとよいでしょう。

風景は広く大きく撮影することがポイントです。人物を一緒に写すことで、木の大きさを表すことができます。同じ風景でも、時期や時間によって雰囲気が変わります。さまざまなシチュエーションを楽しんで撮影してみましょう。

撮影　@rierio05さん

Memo　さまざまな視点で撮影してみる

風景は自分の目線の高さだけでなく、ローアングルや高い目線から撮ってみてもおもしろい仕上がりになります。あえて少し遠くから撮ってみたり、風景の中にある1つのポイントにピントを絞ってみたりと、さまざまな視点で撮影することで、写真の印象は変化します。

Section 49 空をダイナミックに撮ろう

空は同じ場所、同じ時間でも毎日表情を変えるおもしろい被写体の1つです。かんたんなようで難しい空の撮影は、ちょっとしたコツを意識するだけでとてもきれいな仕上がりになります。

青空を撮影する

澄んだ青空を撮りたいときは、太陽の位置を把握することがポイントです。逆光では空の色が白く飛んでしまうため、太陽が体の横、またはうしろにある状態で撮るのがベストです。また、青空は色の濃い部分にピントを合わせると、全体が暗くならずきれいな色に写ります。より青さを引き立たせたい場合は、明るさや色合いを調整してみましょう。

羊雲や入道雲など、見ていておもしろい雲が流れている空は写真に収めたくなります。雲が多い空を撮るときは、ぼんやりとした写真にならないよう、雲にピントを合わせます。空の色が鮮やかに見え、雲はくっきり写ります。この写真は、さまざまな種類の雲が混ざっている場所を中心とした構図になっています。

周りの風景を入れて空を撮影する

この写真は、夕日の光と雲の広がりが同じように流れていた空を撮影した一枚です。夕焼け空は、周りの風景を入れて撮影してみましょう。夕日にカメラを向けると、写る建物などは逆光で真っ黒になります。単調になりがちな空の写真も、建物や木々のシルエットが入ることでドラマチックな印象になります。

暗めの空は、太陽にカメラを向けてあえて逆光にすることで、幻想的な仕上がりになります。山を中心としたこの写真も、空を大きく煽ることで、空のダイナミックさと美しい山のラインが表現されています。夕焼けや暗めの空は、青空とは反対に暗めに撮ってみたり、コントラストを強く加工したりするのもおすすめです。

撮影 @rin_tea_1409さん

Memo　空と地上の割合を考える

空を大きく見せたいときは、地上との割合を意識しましょう。空と地上が同じ割合で画面に入っていると、どちらが主役なのかがわからない上に、不安定な印象の写真になってしまいます。地上の割合を思い切り小さくし、空の割合を大きくすると、空の広さが伝わります。スマートフォンで撮影する場合、画面を縦にすることでも高さが出て、また違った雰囲気の写真になります。

Section 50 夜景を美しく撮ろう

夜景の撮影は暗い部分が多いため、オートフォーカスでは写真全体が明るくなってしまい、光が強調されません。そんなときは露出を補正したり、絞り値を調整します。撮影後に彩度やコントラストを調整してもよいでしょう。

夜景は色の締まりが重要

夕方の空や夜景を撮影するときは、暗いからといってフラッシュを使うと、写真全体が逆に真っ暗になってしまいます。スマートフォンの場合、シーンによって最適な撮影方法に切り替わる機能もあるので、構図を決めるだけできれいな夜景が撮影できます。この写真は、彩度を上げたことで観覧車やビルの光がはっきりしています。

同じ形のものが並んでいるものは、対角線構図（P.93参照）でいちばん手前のものにピントを合わせることがおすすめです。手前にピントを合わせ、うしろがボケるように撮影することで、きらびやかな遠近感が生まれます。被写体がカラフルな場合は、彩度を上げるとより華やかな雰囲気になります。

シャッタースピードを調整する

夜景は手ぶれしやすいため、三脚を使っての撮影がおすすめです。三脚がない場合は、手ぶれしないようにしっかりカメラを構えましょう。シャッタースピードを早めに設定することでも手ぶれを防ぐことができます。撮った写真の色味にメリハリがないと感じたら、コントラストを強めに加工してみましょう。

観覧車やイルミネーションのキラキラした多く光を取り入れたい場合は、シャッタースピードを遅めに設定します。デジカメでは、ISO感度を上げると明るい場所が際立った写真を撮ることができます。

撮影　@rierio05さん

Memo　ガラスの映り込みをなくすには？

室内から夜景を撮影する際に、窓ガラスに人物や周りのものが反射して映り込んでしまうことが多くあるでしょう。映り込みを最小限にするのは、ガラスとカメラを密着させることで解決できますが、ガラスに対して垂直にしか撮影ができなくなってしまいます。そんなときは、黒いレフ板の使用がベストです。黒いレフ板は、被写体を明るく見せる白いレフ板とは異なり、光を吸収して暗い部分を作ります。そのため、外の夜景より明るい映り込みを消してくれる効果があります。黒いレフ板は、カメラのレンズ部分のみをくり抜いた黒の画用紙や布でも代用できます。

Section 51 旅行先や観光地の思い出を楽しく撮ろう

大きな建造物は下から煽るとダイナミックな構図になり、階段や展望台などに登って上から撮るとその景色の全体像がわかる構図になります。人物や動物、空などもうまく取り入れて、思い出の写真を美しく残しましょう。

建物や風景は構図を工夫する

景色を撮影するときは、ズームなどは使わずに広角・パンフォーカスで撮るようにしましょう。写真はズームをすることで、画質が荒くなってしまう場合があります。不要な部分はあとから切り取ることができるので、まずは全体を写してみましょう。春や初夏の旅の写真は、緑や陽の光、それによる影などを取り入れると爽やかな雰囲気が出ます。

放射構図で夜桜を撮影した写真です（P.93参照）。桜が奥までずっと続いている様子がわかる構図で、迫力を感じられます。手ぶれ防止のため、夜間（暗所）での撮影には三脚の利用がベストですが、三脚がない場合はテーブルや手すりにカメラを固定するように構えて、シャッタースピードを長めに設定しましょう。

加工や編集でより雰囲気のある写真にする

味のある建物と着物を着た人物を同じフレームに入れることで、一気に風流な写真に仕上がります。背景と人物が入った写真は、広角レンズを使って両方にピントを合わせることがポイントです。加工にはやわらかな雰囲気のフィルターを使うことで、穏やかなあたたかみのある写真になります。

晴れやかな空と飛行機が写ったこの写真は、旅の始まりのワクワク感が伝わる一枚です。夕方に撮れば、旅の終わりを感じさせる切ない写真も撮れるでしょう。編集で写真に白い余白をつけるとポラロイド写真のようになり、おしゃれに見えます。撮影が可能な機内では、一面に広がる雲からのぞく景色や上空から見た富士山など、非日常的なおもしろい写真を撮れるチャンスです。

撮影　@yukixさん

Memo 旅行先や観光地での人物写真は自然体で

構図や背景が変わっても、写真に入る人物が同じポーズ・同じ表情では写真が単調になってしまいます。集合写真以外では、人物はカメラを意識せずに自然体でいることがおすすめです。歩いているうしろ姿、景色を見ている横顔など、自然な動きや表情を写真に収めてみると、いつもと違った写真になるでしょう。

Section 52 服やコーディネートをおしゃれに撮ろう

新しい服を買ったときやお気に入りのコーディネートの日には、そのこだわりが伝わるような写真を撮影してみましょう。ここでは、服やコーディネートをおしゃれに撮影する方法を紹介します。

服の置き画を撮る

置き画とは、被写体を平面な場所に置いて撮る写真のことを指します。真上または斜め上からのアングルは、その服の柄や形がわかりやすくなります。個性的な服でもシンプルな服でも、背景を無地にすると服がより引き立ちます。カメラの明るさを調整すれば、服の細部や柄をはっきり写すことができます。

その服と一緒に着用するネックレスやバッグ、靴などもラフに置いて一緒に写り込ませることで、写真を見てくれる人にコーディネートのイメージを伝えましょう。そのコーディネートに合うコスメを入れてもおしゃれに仕上がるでしょう。

着衣写真を投稿してストーリー性を持たせる

コーディネートを参考にしたいユーザーは、服の置き画だけでなく、実際にその服を着た写真も見たいでしょう。そこで、この写真の投稿者のように、服の置き画から続けて着衣写真を投稿すれば、ストーリー性が生まれてよりユーザーの目を引くことができます。まずは、置き画を投稿します。

次は実際に、撮影した服を着用している写真を投稿しています。着衣写真では、背筋を伸ばして服のフィット感や丈感が伝わるようにしましょう。また、窓辺などの明るい場所で撮影することで、服の質感もきれいに写ります。加工時のフィルターなどは統一感を出すために、置き画と着衣写真で同じものを使用しましょう。

撮影　@moipon3さん

Memo 外でのコーディネート撮影は背景に注意

外でコーディネートを撮影する際は、置き画と同様に服が引き立つよう、できるだけシンプルな背景で撮るようにしましょう。服の色が背景と被らないようにするのはもちろん、看板などの文字が多い場所での撮影も避けることが無難です。

Section 53 植物を鮮やかに撮ろう

花などの植物には多くの種類があり、生え方も咲き方もそれぞれ違います。アングルや光の量、背景のボケなど、さまざまなパターンを試し、植物の力強さやあたたかさ、艶やかさを表現する写真を撮ってみましょう。

植物はマクロで撮ることがマスト

植物を同じ目線の高さで撮影すると、植物との一体感が生まれます。ぐっと近付くことで、花の蜜を吸う虫を見つけることもできるかもしれません。周りがごちゃごちゃしているときは、背景をぼかしましょう。ぼかしの中にも被写体と同じ色味があると、奥にどのような景色が広がっているのかを想像させることができます。

同じマクロ撮影でも、アングルによって伝わる雰囲気は変化します。加工の際、花そのものの色味が鮮やかだと、カメラのチューニングによってはコントラストが強すぎてベタに見えることがあります。この写真では、彩度を少し下げ気味に調整しています。

屋外と室内で撮り方を変える

日の丸構図で撮影した写真です（P.92参照）。被写体を真ん中に配置することで、主役が明確になります。屋外で植栽されている植物を撮る場合は、自然光を味方につけて透明感を出しましょう。

室内で切り花や生け花を撮るときは、ポートレートモードでの撮影やビネット効果を使って背景を暗めにすると、花が引き立って印象的な写真になります。バランスを見ながら色温度を青み寄りに下げてみても、可憐さを引き出すことができます。

撮影　@yukixさん

Memo　シズル感を演出する

植物に瑞々しさを出すために、霧吹きで水をかけてみましょう。マクロモードで水滴を一緒に撮影することで、シズル感を演出できます。その水滴に光を反射させたり周りの植物を映し出したりすれば、より美しい写真になるでしょう。水を適度にかけることで、雨上がりの晴れた空の中で撮ったような雰囲気にすることもできます。水は植物が生きていく上で必須な要素なので、一緒に撮ることで植物の力強さも表れる写真になります。

Section 54 タイムラプス動画を投稿しよう

インスタグラムでときどき見かけるコマ落としのような動画を、「タイムラプス」といいます。インスタグラムが配布する「Hyperlapse」など、タイムラプス動画作成アプリを使って個性的な動画を公開してみましょう。

タイムラプス動画を撮影するには？

「タイムラプス」は、通常よりも低速で撮影したコマ数の少ない動画を、通常の速度またはそれ以上の速度で再生する動画の撮影技法です。インスタグラムでは、タイムラプス動画アプリ「Hyperlapse from Instagram」を公開していますが、このアプリはiPhoneのみの対応となっています。Android端末でタイムラプス動画を撮影する場合は、Google Playストアで「タイムラプス」とキーワード検索すると、さまざまなアプリが見つかります。なお、iOS 8以降を搭載しているiPhoneには、標準カメラの撮影モードにタイムラプスが含まれます。

●Hyperlapse from Instagram

撮影した動画を指定の再生速度に編集できます。保存した動画は、アプリから直接インスタグラムやFacebookに投稿することも可能です。

●Lapse It・Time Lapse Camera

事前に撮影の間隔などのかんたんな設定をしておくことで、さまざまな再生スピードで動画を撮影することができます。Android版だけでなく、iOSにも対応しています。

Hyperlapseで撮影した動画を公開する

1 「Hyperlapse from Instagram」アプリを起動し、撮影したい方向にカメラを向けて◯をタップします。

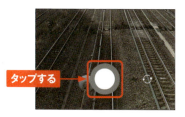

2 撮影中に表示される時間は、左が撮影開始からの時間、右がタイムラプスで再生したときの時間です。◯をタップして撮影を終了します。

3 再生速度を指定し、◯をタップして保存します。

4 ＜シェアする＞をタップします。

5 ＜Instagram＞をタップします。

6 ＜ストーリーズ＞または＜フィード＞のいずれかをタップします。以降は通常の手順で動画を投稿します。

第4章 インスタ映えする！写真の撮影テクニック

Section 55 一眼レフでワンランク上の写真を撮ろう

近年、スマートフォンのカメラの性能が大きく向上し、デジタルカメラなどに劣らない写真を撮影することができるようになりました。しかし、よりよい写真を目指すのであれば、ミラーレスカメラや一眼レフカメラでの撮影に挑戦してみましょう。

一眼レフカメラの特徴

一眼レフカメラを使う理由の1つに、「ボケ」があります。焦点を合わせた被写体の背景をぼかす効果です。スマートフォンのカメラでも、撮影モードを指定することで背景がぼやけた写真を撮ることは可能ですが、明るく自然なぼかしを作るには、一眼レフカメラが優位といえます。

このボケの差は、スマートフォンと一眼レフカメラの違いに関係があります。その1つが、センサーのサイズです。センサーのサイズが大きいほど取り込む光の量が増え、背景がぼけやすくなります。そしてもう1つの違いがレンズです。レンズが内蔵されているスマートフォンに対して、一眼レフカメラやミラーレスカメラではレンズの交換が可能です。焦点距離が長く、F値が小さい明るいレンズを使うことで、被写界深度の浅い写真が撮れるようになります。

カメラの種類	センサーのサイズ
デジタル一眼（ハイエンド）	フルサイズ：36.0mm×24.0mm
デジタル一眼（一般）	APS-C：23.6mm×15.8mm
デジタル一眼（オリンパスなど）	マイクロフォーサーズ：17.3mm×13mm
デジタルカメラ（上位機種）	1型：13.2mm×8.8mm
デジタルカメラ（一般／一部スマートフォン）	1/1.7型：7.6mm×5.7mm 1/2.3型：6.2mm×4.6mm
一部スマートフォン	1/3型：4.8mm×3.6mm

センサーのサイズは、スマートフォンの機種によっても異なるように、一眼レフカメラもすべて同一サイズというわけではありません。もっとも大きい「フルサイズ」（35mm銀塩カメラ相当）のセンサーは、おもにプロユースのカメラに搭載されています。

被写界深度とは?

背景をぼかした写真を表現するときに、「被写界深度が浅い」ということがあります。被写界深度とは、ピントが合って見える範囲のことを指し、その深度はF値(絞り値)とレンズの焦点距離、そして被写体とカメラの距離によって変化します。たとえば、F値が小さく、撮影距離が短く、焦点距離が長いほど被写界深度(=ピントが合って見える範囲)は浅くなり、逆にF値が大きく、撮影距離が長く、焦点距離が短いほど被写界深度は深くなります。

●ボケ

F値をできるだけ小さくすることで、背景がきれいにボケます。また、カメラと被写体の距離が近いほど、背景はボケやすくなります。

●パンフォーカス

写真の全域にわたってピントが合っている状態を「パンフォーカス」と呼びます。パンフォーカスは、風景の理想的な撮り方ともいわれています。

●マクロ

「マクロレンズ」を使用すると、小さな被写体を大きく写すことができます。植物や昆虫などの接写撮影では必要不可欠です。

第4章 インスタ映えする！写真の撮影テクニック

Section 56 デジカメや一眼レフで撮った写真を投稿しよう

デジタルカメラや一眼レフカメラで撮影した写真をスマートフォンに転送して、インスタグラムに投稿しましょう。Wi-Fi経由でスマートフォンに写真を転送する機能があるカメラでは、その場で撮影した写真をすぐに投稿できます。

カメラで撮った写真を投稿するには

通常、カメラで撮影した写真はケーブルやSDカードをパソコンに接続して転送します。しかし、インスタグラムはパソコンからの投稿が行えないため、パソコンに転送した写真をクラウドストレージサービス（P.120参照）などを介してスマートフォンにダウンロードしなくてはなりません。ですが、最近販売されているデジタルカメラや一眼レフカメラには、Wi-Fi接続によってカメラから直接スマートフォンにデータを送る機能が備わっている機種も多くあります。ここでは、キヤノンのPowerShot SX60 HSで撮影した写真をWi-Fiでスマートフォンに転送する方法を紹介します。なお、PowerShot SX60 HSから写真を転送するにはキヤノンの専用アプリ「Canon Camera Connect」をインストールし、カメラと事前に接続して端末情報を登録しておく必要があります。

カメラで撮った写真をWi-Fiでスマートフォンに転送する

① 送信したい写真をカメラで表示し、[Wi-Fi]を押します。

② ＜スマートフォンと通信＞を選択し、＜FUNC.SET＞を押します。

③ 事前に登録したスマートフォンの名前を選択して＜FUNC.SET＞を押します。

④ SSIDが表示されます。

⑤ スマートフォンの「設定」アプリやコントロールセンターでWi-Fiをオンにし、ネットワーク一覧からカメラに表示されたSSIDをタップします。

⑥ カメラとスマートフォンが接続されたら、「Canon Camera Connect」アプリを起動します。

⑦ カメラ側では<この画像を送信>を選択し、<FUNC.SET>を押すと、送信が開始されます。

⑧ カメラの画面に<送信が完了しました>と表示されたら、スマートフォン側では画面右上の×をタップします。<写真アプリを開く>をタップするとカメラロールが表示され、カメラから転送した写真が保存されていることが確認できます。

⑨ 「Instagram」アプリを起動し、通常の手順で写真の編集などを行って投稿します。

column 一眼レフで撮った写真を高画質で投稿するには?

●インスタグラムに投稿すると写真は自動的に圧縮される

インスタグラムは、スマートフォンで撮影した写真をアップロードするために作られたサービスです。スマートフォンでの投稿・閲覧がスムーズにできるよう、投稿時に写真が最大でも幅1080pxのJPEG画像に変換されるしくみになっています。そのため、一眼レフなどで撮ったサイズの大きい写真を、もとの高画質データのまま投稿することは現状ではできません。少しでも画質の劣化を少なくするには、写真の縦横比を1.9：1〜4.5にして投稿するなどがよいでしょう。カメラによっては写真の横縦比を設定できる機種もあるので、インスタグラム用に撮影する写真であれば事前に設定しておくと便利です。

●クラウドストレージサービスを利用する

Sec.56で解説したカメラのWi-Fi機能がないカメラを利用している場合は、写真をスマートフォンに転送する必要があります。パソコンとスマートフォン間でファイルを共有するには、DropboxやGoogleドライブなどのクラウドストレージが便利です。中にはアプリから直接インスタグラムに投稿できるサービスもあるので、チェックしてみましょう。

第5章

「ストーリーズ」を見たり投稿したりしよう

Section 57	「ストーリーズ」ってどんな機能？
Section 58	ほかのユーザーのストーリーズを見てみよう
Section 59	ストーリーズにコメントを送ろう
Section 60	ストーリーズで写真や動画を投稿しよう
Section 61	複数の写真や動画をつなげて投稿しよう
Section 62	ストーリーズを装飾しよう
Section 63	ストーリーズを削除しよう
Section 64	ストーリーズを視聴したユーザーを確認しよう
Section 65	ストーリーズに付いたコメントを確認して返信しよう
Section 66	ほかのユーザーのライブ配信を見てみよう
Section 67	自分もライブ配信をしよう
Section 68	ライブ配信にゲストを呼ぼう

Section 57 「ストーリーズ」ってどんな機能?

「ストーリーズ」は、公開期間が24時間に限定された写真や動画を投稿・閲覧する機能です。投稿には、スタンプやテキスト、手書き文字を追加できるなど、通常の投稿にはない楽しい機能が用意されています。

24時間限定の自分だけのストーリーを紡ぐ

通常のインスタグラムの投稿と「ストーリーズ」は、写真や動画を公開する点で共通していますが、そのしくみは大きく異なります。ストーリーズのもっとも重要なポイントは、投稿が24時間で自動に消える点です。さらに「SUPERZOOM」や「フェイスフィルター」など、遊び心あふれる機能も「ストーリーズ」の特徴です。普段インスタ映えを気にして写真を投稿しているユーザーでも、24時間限定となれば気軽に投稿することができるでしょう。また、写真や動画を複数回に分けてバラバラに投稿しても、1つの投稿として連続再生されます。これなら、フォロワーのタイムラインを自分の投稿で埋めることなく連投することも可能です。なお、「ストーリーズ」には誰が閲覧したかを確認できる「足跡」機能が用意されています。

●スタンプで情報を追加する

「ストーリーズ」にはキャプションを添えられない代わりに、画面上にスタンプやテキストを配置できます。ハッシュタグや位置情報を追加することも可能です。

●楽しいエフェクトも満載

スマートフォン内の写真や動画はもちろん、アプリ内のカメラを使いその場で撮影した画像や動画にも対応しています。カメラにはさまざまなエフェクトが用意されています。

ストーリーズからライブ配信も

ストーリーズのもう1つの大きな特徴は、「ライブ」配信です。「ライブ」以外のコンテンツは、撮影した写真や動画を編集してから配信しますが、「ライブ」は撮影中の動画をリアルタイムに配信する機能です。通常のストーリーズでは、動画1投稿につき最大15秒程度ですが、「ライブ」は最大1時間の配信が可能です。また、「ライブ」配信後にそのまま終了するか、ストーリーズと同様に24時間再生できるようにするかの選択が可能です。撮影と配信が同時に進行するライブの性質上、映像上にエフェクトを追加するといったことはできません。

一方、ライブ配信では視聴者がコメントを投稿できるほか、ゲストとしてライブ配信に参加することもできます。ゲストがライブ配信に参加すると、画面が2分割されて、視聴者はそれぞれの現在の様子を一度に見ることができます。ストーリーズには頻繁に新しい機能が追加されているので、定期的にチェックするとよいでしょう。

●ライブ配信にはコメントができる

通常のストーリーズでは、コメントはダイレクトメッセージで送信されますが、ライブ配信では配信中の映像上にリアルタイムで表示されます。コメントは古いものから上へと流れていきます。

●ライブ配信にゲスト参加

ライブ配信中のユーザーは、視聴者リストから任意のゲストを招待できます。また、視聴者側からライブ配信への参加リクエストの送信も可能です。ゲストが参加すると、1つの画面に複数のユーザーのライブ動画が公開されます。

第5章 「ストーリーズ」を見たり投稿したりしよう

Section
58
ほかのユーザーの
ストーリーズを見てみよう

フォロー中のユーザーのストーリーズは、ホーム画面上部にアイコンで表示されます。アイコンをタップすると、そのユーザーのストーリーズが再生され、続けてほかのユーザーのストーリーズも連続再生されます。

ストーリーズを閲覧する

① ホーム画面上部の「ストーリーズ」エリアのアイコンをタップします。ここではフォローしているユーザーのストーリーズを閲覧できます。

② タップしたユーザーのストーリーズが表示されます。閉じるときは、画面右上の×をタップします。

③ 🔍をタップすると、おすすめユーザーのストーリーズを閲覧できます。ストーリーズを見たいユーザーのアイコンをタップします。

④ タップしたユーザーのストーリーズが表示されます。

Section 59 ストーリーズにコメントを送ろう

ストーリーズのコメントは、インスタグラム・ダイレクトを経由して、非公開メッセージとして送信されます。なお、ユーザー側でコメント機能をオフにしている場合は、コメントを送信できないので注意しましょう。

ストーリーズからメッセージを送信する

(1) ストーリーズの画面で、右下の▽をタップします。

(2) メッセージの送信エリアをタップします。

(3) メッセージを入力して<送信>をタップします。

Memo 画像や絵文字を送信する

テキストのメッセージを送信する代わりに、絵文字や写真を送ることも可能です。写真や動画なら📷、絵文字なら「クイックリアクション」のアイコンをタップして送信します。

第5章 「ストーリーズ」を見たり投稿したりしよう

Section 60
ストーリーズで写真や動画を投稿しよう

ほかのユーザーのストーリーズを見て雰囲気がつかめたら、今度は自分のストーリーズを投稿してみましょう。ストーリーズへは、直接アプリで撮影した動画のほか、スマートフォンに保存済みの写真や動画も投稿できます。

アプリで動画を撮影して投稿する

1. ホーム画面左上の◎または＜自分＞をタップします。

どちらかをタップする

2. 被写体にカメラを向けて、◯を長押しして動画を撮影します。静止画の場合は◯をタップします。

長押しして動画を撮影する

3. 撮影が完了したら、＜宛先＞をタップします。

タップする

4. ストーリーズの ◯ をタップしてチェックを付け、＜送信＞をタップすると、ストーリーズに公開されます。

①タップする
②タップする

保存済みの写真や動画を投稿する

1. P.126の手順①を参考に投稿画面を表示し、画面を下から上方向にスワイプします。カメラロールのサムネイルをタップしても同じ画面が開きます。

2. ストーリーズに公開したい写真または動画をタップします。

3. 内容を確認し、P.126手順③〜④を参考に動画を投稿します。

Memo 撮影時に効果を加える

アプリのカメラで撮影する場合、「通常」以外にもSec.35で紹介した「Boomerang（ブーメラン）」をはじめ、「SUPERZOOM」や「逆再生」、「フェイスフィルター」などの撮影方法が選べます。シャッターボタンの下を横方向にフリックしてカメラを切り替えます。

第5章 「ストーリーズ」を見たり投稿したりしよう

Section 61 複数の写真や動画をつなげて投稿しよう

ストーリーズには、同一ユーザーによる複数の投稿を連続再生する特性があります。この特性を活かして24時間以内にコンテンツを追加すれば、動きのない写真もスライドショーのように見せることができます。

写真や動画をストーリーズに追加する

(1) ホーム画面で◎をタップします。

(2) 投稿画面で撮影を開始するか、スマートフォン内の写真や動画を選択します。

(3) 必要に応じて編集を施します。編集が完了したら、P.126を参考にストーリーズへ投稿します。

(4) Sec.60で投稿したストーリーズにもう1つ動画が追加されました。

投稿した内容を確認する

1 ホーム画面に戻り、＜自分＞をタップして投稿を確認します。

2 以前の投稿と今回投稿した内容が連続再生されます。再生画面を上方向にスワイプしてみましょう。

3 表示されたサムネイルから、2つのコンテンツが公開中であることがわかります。また、視聴したユーザーもここで確認できます。

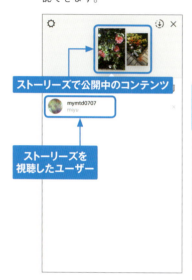

Memo 過去に撮影した写真や動画

これまでストーリーズには、24時間以内に撮影した写真や動画のみ公開できるルールがありました。現在は、それ以前に撮影した写真・動画も使用できます。ただし、初期状態では自動的に撮影日のステッカーが挿入されます。ステッカーは不要であれば削除できます。

第5章 「ストーリーズ」を見たり投稿したりしよう

ストーリーズを装飾しよう

ステッカーや落書きツール、テキスト入力など編集ツールを使って、ストーリーズを盛り上げましょう。中でも、タップして貼るだけのステッカーは、季節に合ったものから実用的なものまで多数用意されています。

ステッカーを挿入する

① 投稿する写真や動画を表示した状態で、🙂をタップします。

② ステッカーの一覧から、使用したいもの（ここでは＜位置情報＞）をタップします。

③ 候補から追加する位置情報をタップします。

④ 位置情報のステッカーが追加されました。中にはタップで表示が変化するものもあります。

5 タップで表示が変わりました。ほかのステッカーを追加するには、再度🏷をタップします。

6 ＜＃ハッシュタグ＞をタップします。

7 ハッシュタグを入力し、＜完了＞をタップします。

8 ステッカーが配置されます。ステッカーはピンチアウト／ピンチインで拡大／縮小したり、回転や移動をしたりなどの操作が自由にできます。

ペンツールで手書き入力する

1 投稿する写真や動画を表示した状態で、✏をタップします。

2 ペンの種類をタップし、カラーを選びます。必要に応じて、画面左のバーで線の太さを調節します。

3 指やタッチペンで自由に落書きし、最後に＜完了＞をタップします。

Memo 描画を消す

失敗した描画部分を消してやり直す場合は、＜元に戻す＞をタップします。この場合、1タップで1ストローク消すことができます。すべてを消去するには、＜元に戻す＞を長押しします。また、特定の部分だけを消すには、🖍を使います。

📷 テキストを入力する

1. 投稿する写真や動画を表示した状態で、Aaをタップします。

2. カラーを選択し、テキストを入力します。

3. Aをタップすると、表示が変化します。最後に＜完了＞をタップします。

4. 複数のテキストを、組み合わせたり傾けたりして配置できます。

第5章 「ストーリーズ」を見たり投稿したりしよう

第5章 「ストーリーズ」を見たり投稿したりしよう

Section 63 ストーリーズを削除しよう

ストーリーズは24時間後には自動的に削除されますが、誤って投稿してしまったときなどは、手動で削除できます。複数アップロードした場合でも、コンテンツごとに個別に削除することができます。

ストーリーズを削除する

① ホーム画面で＜自分＞をタップします。

タップする

② 削除したいストーリーが表示されている状態で、■をタップします。

タップする

③ 表示されたメニューで＜削除する＞をタップします。

タップする

④ 確認のウインドウが開いたら、＜削除する＞をタップします。

タップする

複数のストーリーズのうちの1つを削除する

1 P.134 手順①を参考に自分のストーリーズを表示し、画面を上方向にスワイプします。

2 消去したいコンテンツのサムネイルをタップして選択し、🗑をタップします。

3 確認のウインドウが表示されたら＜削除する＞をタップします。

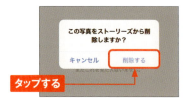

4 手順②で選択したストーリーが削除されました。

Memo ストーリーズを保存する

一度削除したデータはもとに戻せないので、削除する前に＜保存する＞をタップして保存しておくとよいでしょう。ストーリーズを個別に保存するには手順②の画面で⬇をタップします。公開中のストーリーズ全体を動画として保存する場合は、P.134手順③で＜保存する＞をタップし、＜ストーリーズを保存＞をタップします。また、＜投稿としてシェア＞をタップすると通常の投稿として扱われ、ストーリーズが消去されたあともフィードに残ります。

第5章 「ストーリーズ」を見たり投稿したりしよう

Section 64 ストーリーズを視聴したユーザーを確認しよう

通常のインスタグラムのフィードとは異なり、ストーリーズでは視聴したユーザーの足跡が残ります。ここでは、誰が見てくれたのか確認する方法を紹介します。なお、ストーリーズの公開期間を過ぎると確認できないので注意しましょう。

視聴ユーザーを確認する

① 自分のストーリーズを表示して、画面を上方向にスワイプします。

② 視聴したユーザーが一覧表示されます。

Memo 特定のユーザーを対象にストーリーズを非表示にする

手順②の画面で、ユーザーの右側にある×をタップし、<非表示にする>をタップすると、今後そのユーザーには自分のストーリーズが表示されなくなります。もとに戻すには、「オプション」で設定を変更します（P.173参照）。

第5章 「ストーリーズ」を見たり投稿したりしよう

Section 65 ストーリーズに付いたコメントを確認して返信しよう

ストーリーズへのコメントは、すべてインスタグラム・ダイレクト宛にメッセージとして届きます。ストーリーズが消えたあともメッセージは残りますが、公開期間中に表示されるストーリーズのサムネイルは非表示になります。

インスタグラム・ダイレクトを確認する

① 画面右上に表示された数字をタップします。この数字は着信した新規メッセージの数を表します。

③ ストーリーズへのコメントには、サムネイルが表示されます。内容を確認したら、返信するメッセージを入力して＜送信＞をタップします。

② ●が付いた未読メッセージをタップします。

④ コメントへの返信が完了しました。

第5章 「ストーリーズ」を見たり投稿したりしよう

Section 66 ほかのユーザーのライブ配信を見てみよう

ストーリーズの機能の1つに、「ライブ」があります。これはリアルタイムで動画を公開する機能で、コメントや視聴中のユーザー名も画面上に公開されます。おもしろいライブ配信には、コメントや絵文字を送ってみましょう。

友達のライブ配信を視聴する

① ホーム画面上部のストーリーズで「ライブ動画」のマークが付いているアイコンをタップします。

② 現在配信中の動画が表示されます。画面下部のクイックコメントをタップしてみましょう。

Memo フォローしているユーザーのライブ配信をすぐにチェックする

ライブ配信はリアルタイムで視聴するコンテンツなので、ライブ配信を見逃したくないお気に入りのユーザーがいる場合は、通知を設定しておくとよいでしょう（Sec.69参照）。

③ タップしたクイックコメントが投稿されました。

④ 用意されたコメント以外にも、自由にメッセージを入力して投稿できます。コメント入力欄をタップしてメッセージを入力し、＜投稿する＞をタップします。

⑤ 送信したコメントが投稿されました。視聴を中止するには、画面右上の×をタップします。

Memo 人気のライブ配信を見る

ホーム画面に表示されるライブ動画は、自分がフォローしているユーザーが公開しているものです。ほかのユーザーが公開しているライブ動画は、Qをタップして「発見」画面でチェックできます。

第5章 「ストーリーズ」を見たり投稿したりしよう

Section 67 自分もライブ配信をしよう

「ライブ」は、通信環境が整えば誰でもかんたんに配信できます。ストーリーズのようにステッカーを貼ったりはできませんが、今見ている景色や、起こっている出来事をリアルタイムで配信してみましょう。

ライブ配信を開始する

① ホーム画面で、画面左上の◎をタップします。

② ここでは撮影の種類が「通常」になっています。画面下部を右方向にフリックします。

③ 撮影の種類が「ライブ」になりました。＜ライブ動画を開始＞をタップします。

④ ライブ動画の配信が開始しました。コメントは5行ほど表示され、古いものから消えていきます。

⑤ ライブを終了するときは画面右上の<終了する>をタップし、<ライブ動画を終了する>をタップします。

⑥ ライブが終了しました。配信したライブ動画をストーリーズで24時間シェアする場合は、◯◯がオンになっていることを確認して、<シェアする>をタップします。

⑦ ライブ配信をシェアせずにその場で消去する場合は、◯◯をタップしてオフにし、<破棄>をタップします。

Memo ライブ配信中に視聴者を確認する

ライブ動画の配信中に、画面左上の◉をタップすると、画面の下半分に視聴者リストが表示されます。

第5章 「ストーリーズ」を見たり投稿したりしよう

Section 68 ライブ配信にゲストを呼ぼう

「ライブ」配信には、視聴中のユーザーの中からゲストを呼ぶことができます。ゲストがライブ配信への参加を承認すると、画面が2分割されて二元中継として配信されます。逆に、視聴中のユーザーからゲスト参加のリクエストも可能です。

ライブ配信にゲストを招待する

① ホーム画面で◎をタップし、画面下部を右方向にフリックします。

② ＜ライブ動画を開始＞をタップします。

③ 画面下部の◎をタップします。

④ ◎をタップしてゲストに追加したいユーザーを選択し、＜追加する＞をタップします。

⑤ ライブ動画への招待を受け取ったユーザーは、＜○○さんとライブ配信を開始＞をタップして招待を承認します。参加したくないときは＜承認しない＞をタップします。

⑥ ゲストが参加を承認すると画面が2分割され、同時にライブ配信が開始します。

⑦ ゲストが参加中のライブ配信は「ストーリーズ」でアイコンが二重になっていることから、複数人での中継であることがわかります。

Memo 自分からゲスト参加をリクエストする

ゲスト参加は、自分からリクエストすることも可能です。ライブ配信の視聴を開始すると、画面にリクエストのリンクが表示されます。＜リクエスト＞をタップすると配信者に送信され、認証されると一緒にライブ配信が行えます。

column ストーリーズの公開範囲を決めておこう

● ストーリーズの公開通知

ストーリーズやライブ動画を公開すると、通常はフォロワーに通知されます。ストーリーズやライブ動画の配信を見てほしくないユーザーがいる場合は、あらかじめ公開範囲を設定しておきましょう。

●「ストーリーズを表示しない人」を設定する

プロフィール画面で✿をタップし、オプション画面から＜ストーリーズ設定＞→＜ストーリーズを表示しない人＞の順にタップします。次の画面で、表示しないユーザーをタップしてチェックを付け、＜完了＞をタップすれば設定完了です。また、自分のフィードにストーリーズを表示したくないユーザーがいる場合は、フィードでアイコンを長押しすることで、そのユーザーをミュートできます。

「ストーリーズ設定」の「表示しない人を選択」画面で、非表示にしたいユーザーにチェックを付けてから＜完了＞をタップします。なお、この設定はいつでも解除できます。

ホーム画面の「ストーリーズ」で、ストーリーズを表示したくないユーザーのアイコンを長押しし、＜○○さんをミュート＞をタップすると、フィードに表示されなくなります。

第6章

インスタグラムの機能を使いこなそう

Section 69	プッシュ通知の設定をしよう
Section 70	お気に入りユーザーの投稿通知を受け取ろう
Section 71	加工前の写真を保存しないようにしよう
Section 72	データの使用量を抑えよう
Section 73	インスタグラムからのメールの設定をしよう
Section 74	未登録の友達をインスタグラムに招待しよう
Section 75	パソコンからインスタグラムを見よう
Section 76	投稿をWebサイトやブログでも表示しよう
Section 77	インスタグラムを二段階認証にしよう
Section 78	インスタグラムに複数のアカウントを登録しよう

Section 69 プッシュ通知の設定をしよう

自分の投稿に「いいね!」やコメントが付いたとき、スマートフォンの画面ですぐに知らせてくれるのが「プッシュ通知」です。インスタグラムでは通知を受け取る項目を選べるので、不要な通知はオフにしておきましょう。

項目ごとに通知を設定する

① ナビゲーションメニューの👤をタップしてプロフィール画面を表示し、⚙をタップします。

② 「オプション」画面で<プッシュ通知の設定>をタップします。

③ 項目ごとに通知を受け取る範囲を「フォロー中の人」または「全員」から選択します。通知が不要な場合は「オフ」にチェックを付けます。

Memo メールやSMSで受け取れる通知

スマートフォンで直接受け取るプッシュ通知のほかに、メールやSMSで受け取るインスタグラムからのお知らせがあります。これらのお知らせの設定は、Sec.73で解説します。

アプリの通知をオフにする

●iPhoneでアプリ通知をオフにする

(1) iPhoneのホーム画面で＜設定＞をタップし、＜通知＞をタップします。「通知」画面で＜Instagram＞をタップします。

(2) 「通知を許可」の 🟢 をタップして ⚪ にします。

●Androidでアプリ通知をオフにする

(1) ホーム画面で＜設定＞をタップし、設定画面で＜アプリと通知＞をタップします。＜アプリ情報＞をタップし、アプリ一覧で＜Instagram＞をタップします。

(2) ＜アプリの通知＞をタップし、「ON」の 🔵 をタップして ⚪ にします。

第6章 インスタグラムの機能を使いこなそう

Section 70 お気に入りユーザーの投稿通知を受け取ろう

お気に入りユーザーの投稿を見逃したくないのであれば、特定のユーザーが新たに投稿した際に通知を受け取る機能を利用しましょう。通知を受け取りたいユーザーのプロフィールページから、設定を行います。

投稿のお知らせを設定する

① 設定したいユーザーのプロフィール画面を表示し、…（Androidでは︙）をタップします。

② ＜投稿のお知らせをオンにする＞をタップします。

③ 設定したユーザーが投稿すると、自分のスマートフォンに通知が届きます。

Memo 投稿の通知を解除する

投稿の通知を解除するには、手順②の画面で＜投稿のお知らせをオフにする＞をタップします。

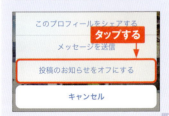

Section 71 加工前の写真を保存しないようにしよう

インスタグラムのデフォルト設定では、「Instagram」アプリで撮影した写真を加工して投稿すると、オリジナルと加工後の2枚の写真が端末に残ります。オリジナルの写真を残す必要がない場合は、加工済みの写真だけを保存することも可能です。

もとの写真の保存をオフにする

① プロフィール画面で⚙をタップします。

② 「元の写真を保存」の 🔘 をタップします。

③ 「元の写真を保存」がオフになり、加工した写真のみが保存されるようになります。

Memo 加工前の写真は復元できない

スマートフォンの設定によっては、端末内の写真を削除しても一定期間は復元することが可能ですが、インスタグラムで「元の写真を保存」をオフにして編集した場合はもとの写真に上書き保存されるため、復元することはできません。不安な場合は、「元の写真を保存」をオンにしておいたほうがよいでしょう。

第6章 インスタグラムの機能を使いこなそう

Section 72 データの使用量を抑えよう

外出先などでインスタグラムを利用する場合、気になるのがスマートフォンのデータ通信量です。インスタグラムでは動画の自動再生がデフォルトになっていますが、携帯ネットワークでの通信時に自動再生を抑えることができます。

携帯ネットワーク接続時にデータ使用量を軽減する

1 プロフィール画面で⚙をタップします。

2 ＜携帯ネットワークデータの使用＞をタップします。

3 「データ使用量を軽減」の◯をタップしてオンにします。

Memo データ使用量軽減時の通信速度

「データ使用量を軽減」をオンにすると、携帯ネットワーク通信時の読み込みに時間がかかることがありますが、これは使用する通信量を減らしているためです。なお、Wi-Fi接続時には適用されません。

第6章 インスタグラムの機能を使いこなそう

Section 73 インスタグラムからのメールの設定をしよう

プッシュ通知とは別に、インスタグラムからのお知らせがメールやSMSで届くことがあります。フォローしているユーザーの投稿のお知らせなどが頻繁に届いて煩わしい場合は、メールの設定をオフにしておくとよいでしょう。

メールやSMSのお知らせを設定する

① プロフィール画面で⚙をタップします。

② ＜お知らせメールとお知らせSMSの設定＞をタップします。

③ メールやメッセージを受け取る場合は ◯、不要な場合は ◯ になるように設定しましょう。

Memo メールやSMSをオフにした場合

手順③の画面で各項目をオフにすると、オフにした種類のメールやSMSは届かなくなりますが、重要なお知らせがある場合には、登録したメールアドレス宛にメールが届きます。なお、電話番号を登録していない場合、「SMSメッセージ」をオンにしてもメッセージは届きません。

第6章 インスタグラムの機能を使いこなそう

Section 74 未登録の友達をインスタグラムに招待しよう

仲のよい友達とつながれば、インスタグラムがより楽しくなります。ここでは、Facebookの友達の中からインスタグラムに未登録の人を招待する方法を解説します。あらかじめ、Sec.10を参考にFacebookと連携しておきましょう。

Facebookの友達を招待する

1 プロフィール画面で⚙をタップします。

2 「招待」の＜Facebookの友達＞をタップします。

3 Facebookの友達が表示されるので、インスタグラムに招待したい友達の＜招待＞をタップします。

Memo 「招待」に表示される友達

手順③の画面には、インスタグラムに登録していないユーザーのほかに、インスタグラムはやっていてもFacebookアカウントと紐付けされていないユーザーが表示されます。どちらの場合でも、Facebook経由で相手に招待が送られます。

インスタグラムへの招待を受ける

① Facebookにログインし、招待の通知をタップします。

② インスタグラムが未インストールの場合は、App StoreまたはGoogle Playの画面が表示されるので、アプリをインストールします。

③ アプリのインストール後、アカウントを作成して通知から招待元のユーザーをフォローします。

④ 招待した相手がインスタグラムのアカウントを作成すると、招待元のユーザーにリクエストが承認されたことが通知されます。

第6章 インスタグラムの機能を使いこなそう

Section 75 パソコンからインスタグラムを見よう

インスタグラムは、パソコンからの閲覧にも対応しています。大きな画面で通信量を気にせず写真や動画を楽しむなら、パソコンからインスタグラムにアクセスしましょう。なお、現時点では公式サイトからの画像アップロードには未対応です。

インスタグラムのWebサイトにアクセスする

① パソコンでWebブラウザを起動し、「instagram.com」と入力してEnterキーを押します。検索エンジンから、「Instagram」というキーワードで検索してもよいでしょう。

② インスタグラムのWebサイトが表示されたら、＜Facebookでログイン＞または＜Log in with Facebook＞をクリックします。

Memo メールアドレスとパスワードでログインする

Facebookのアカウントのほか、Sec.05のユーザー登録時のメールアドレスとパスワードでログインすることもできます。その場合は、画面下部の＜ログインする＞または＜Sign up＞をクリックします。

③ Facebookに登録しているメールアドレスまたは電話番号とパスワードを入力し、＜ログイン＞をクリックします。

④ 確認画面が表示されたら、＜OK＞または＜Login＞をクリックして、次の画面でメールアドレスとパスワードを入力してログインします。

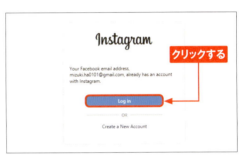

⑤ インスタグラムのホーム画面が表示され、フォローしているユーザーの写真が一覧表示されます。

Memo Web版インスタグラムでできること

パソコン版のインスタグラムはアップロードには対応していませんが、いくつかの設定が行えます。まず、ホーム画面で👤をクリックし、プロフィールページで⚙をクリックします。表示されたメニューから＜パスワードを変更＞や＜許可済みのアプリ＞などをクリックして設定を行います。

第6章 インスタグラムの機能を使いこなそう

Section 76 投稿をWebサイトやブログでも表示しよう

インスタグラムに投稿した写真は、FacebookやTwitterなどのSNSでシェアできるほか、Webページやブログの記事内に埋め込むこともできます。パソコンからアクセスし、埋め込みコードをコピー&ペーストで貼り付けましょう。

投稿した写真をWebページに貼り付ける

① P.154の方法でパソコンからインスタグラムにアクセスし、Webページに埋め込みたい投稿を表示して…をクリックします。

② 表示されたメニューから＜埋め込み＞または＜Embed＞をクリックします。

③ ＜埋め込みコードをコピー＞または＜Copy Embed Code＞をクリックして、コードをコピーします。

(4) 埋め込み先のWebページやブログ（ここではlivedoorブログ）の投稿エリアに、コピーしたコードをペーストします。

ペーストする

(5) コードを埋め込んだページを確認します。インスタグラムのリンクが付いた写真が表示されます。

Memo 埋め込みコードの入力

埋め込みコードをペーストする場所は、ブログサービスやWebサイトの構造によって異なります。ペーストする場所がわからない場合は、サポートページなどで確認するとよいでしょう。

第6章 インスタグラムの機能を使いこなそう

Section 77 インスタグラムを二段階認証にしよう

二段階認証は、ログイン時にユーザーIDとパスワードに加え、さらにセキュリティコードによる認証を行うしくみで、ハッキングによる乗っ取りや情報漏えいを防ぐ目的があります。インスタグラムでも、安全性を高めるために二段階認証を導入しています。

二段階認証を設定する

1 プロフィール画面で⚙をタップします。

2 ＜二段階認証＞をタップします。

3 「セキュリティコードをオンにする」の ◯ をタップします。

4 セキュリティコード受信のため電話番号の入力を促されたら、＜電話番号を追加＞をタップします。

⑤ 二段階認証に利用する電話番号を入力して、＜次へ＞をタップします。

⑥ SMSで受信したコードを入力し、＜完了＞をタップします。

⑦ ＜OK＞をタップすると、自動的にスクリーンショットがカメラロールに保存されます。

⑧ ＜をタップし、セキュリティコードがオンになったことを確認して設定完了です。

Memo　バックアップコード

機種変更やほかの端末でインスタグラムにログインする際、初回起動時にセキュリティコードによる二段階認証が必要ですが、登録した電話番号が使えない場合にバックアップコードを使用します。スクリーンショットは大切に保管しておきましょう。

第6章 インスタグラムの機能を使いこなそう

Section 78 インスタグラムに複数のアカウントを登録しよう

インスタグラムでは、複数のアカウントを登録して、切り替えて利用することが可能です。たとえば通常のアカウントと仕事用のアカウント、趣味のアカウントなど、用途や写真の内容ごとにアカウントの使い分けができます。

アカウントを追加する

(1) プロフィール画面で⚙をタップします。

(2) 画面を上方向にスワイプして、＜アカウントを追加＞をタップします。

(3) 既存のアカウントを追加する場合は、ユーザーIDとパスワードを入力します。

Memo 新規アカウントを追加する

新規アカウントを作成して追加したい場合は、手順③の画面で＜登録はこちら＞をタップします。

④ <ログイン>をタップします。

タップする

⑤ ログインが完了すると、追加したアカウントのプロフィールページが表示されます。新規登録した場合は、プロフィールの編集を行いましょう。

アカウントを切り替える

① 画面上部のアカウント名をタップして、表示されるリストから切り替えたいアカウントをタップします。

❶タップする
❷タップする

② アカウントが切り替わります。

column パソコンからインスタグラムに投稿するには？

一眼レフカメラで撮影した写真や、手慣れたパソコン用ソフトで編集・加工した写真は、できればパソコンから投稿したいものです。しかし、残念ながらインスタグラムのパソコン用Webサイトには、アップロード機能がありません。そこでおすすめなのが、パソコンからインスタグラムに投稿するためのアプリです。WindowsでもMacでも使える「Gramblr」というアプリは、独自のフィルターや編集機能を持つほか、予約投稿ができる点が特徴です。また、多言語に対応しているので、日本語での操作も可能です。

① 「http://gramblr.com/uploader/#home」にアクセスし、Windowsの場合は＜Windows＞を、Macの場合は＜Mac OS X＞をタップしてダウンロードし、パソコンにインストールします。

② Gramblrのユーザー登録とインスタグラムのサインインを同時に行います。なお、インスタグラムで二段階認証を有効にしているとサインインできないので注意が必要です。

③ 画面右上の＜EN＞→＜日本語＞をタップすると、表示を日本語に変更できます。点線で囲まれた領域に、投稿する写真や動画をドラッグ＆ドロップで読み込ませます。

④ インスタグラムらしいスクエアの切り抜きや、オリジナルのフィルターも利用して写真を編集できます。編集が完了したら、キャプションやタグを追加して投稿します。このとき、指定した日時に投稿する「予約投稿」の設定ができます。

第7章

インスタグラム困ったときの解決技

Section 79	加工した写真を投稿せずに保存できないの?
Section 80	好きな投稿はスマートフォンに保存できないの?
Section 81	投稿を下書き保存したい
Section 82	ほかのユーザーの投稿をシェアしたいときはどうする?
Section 83	アカウントを非公開にしたい
Section 84	投稿した写真の一部を非公開にしたい
Section 85	特定のユーザーをブロックしたい
Section 86	コメントを受け付けないようにしたい
Section 87	自分に付けられたタグを削除したい
Section 88	タグ付けされた投稿が勝手にプロフィール画面に表示される
Section 89	SNSとの連携を解除したい
Section 90	広告を非表示にしたい
Section 91	パスワードを変更したい
Section 92	パスワードを忘れてしまった!
Section 93	アカウントを一時停止したい
Section 94	アカウントを削除したい

第7章 インスタグラム 困ったときの解決技

Section 79 加工した写真を投稿せずに保存できないの?

写真を素敵に加工してくれるインスタグラムのフィルターや編集機能を、投稿せずに編集ツールとして利用したい人は多いでしょう。残念ながら投稿前に保存する機能はありませんが、オフライン状態で投稿して保存する裏技を紹介します。

機内モードで投稿を試みる

① はじめにスマートフォンを機内モードにしてオフライン状態にします。

② 写真を投稿する手順で編集・加工し、<次へ>をタップします。

③ 通常通り<シェアする>をタップし、エラーメッセージが表示されたら ✕ →<削除する>の順でタップします。この操作を行わないと、オンラインになったときに投稿されてしまうので注意しましょう。

④ スマートフォンのカメラロールを確認すると、手順②で加工した写真が保存されています。

第7章 インスタグラム 困ったときの解決技

Section 80 好きな投稿はスマートフォンに保存できないの?

インスタグラムは、写真のコピーや保存ができない仕様になっています。どうしても手元に保存したい投稿は、アプリやWebサービスを利用します。ここではインスタグラムのアクセス解析を行う「WEBSTA」を使って保存する方法を解説します。

ブラウザを使って保存する

(1) スマートフォンのブラウザで「websta.me」にアクセスし、<LOG IN>をタップします。

(2) IDとパスワードを入力して、<ログイン>をタップします。規約を確認して、認証を進めます。

(3) 保存したい投稿を検索するなどして表示し、•••をタップして、メニューから<Show Standard Image>をタップします。

(4) ブラウザに表示された画像を長押しして、<イメージを保存>をタップします。

第7章 インスタグラム 困ったときの解決技

Section 81 投稿を下書き保存したい

「写真を加工まではしたものの、ゆっくりキャプションを入力してあとで投稿したい」といったときに利用したいのが「下書き」機能です。編集画面などで写真に変更を加えなかった場合、このメニューは表示されないので注意しましょう。

下書きとして保存する

(1) ナビゲーションメニューの⊞をタップします。

(2) 投稿したい写真をタップして、<次へ>をタップします。

(3) 写真を編集して、画面左上の<をタップします。

(4) <下書きを保存>をタップします。

下書きから投稿する

(1) ナビゲーションメニューの⊕をタップします。

(2) 下書きのサムネイルをタップし、<次へ>をタップします。

(3) 投稿画面に移動します。キャプションなどを入力して<シェアする>をタップします。

Memo 下書きを再編集する

下書きを選択して<次へ>をタップすると、直接投稿画面に移動してしまいます。下書きを再編集する場合は、投稿画面のサムネイルの下に表示される<編集する>をタップします。

第7章 インスタグラム 困ったときの解決技

Section 82 ほかのユーザーの投稿をシェアしたいときはどうする?

現在インスタグラムには、Twitterのリツイートのようなサービス内でのシェア機能はありません。ほかのユーザーの投稿を自分のタイムラインにリポスト(シェア)するためには、サードパーティーのアプリを利用します。

「Repost for Instagram」を使って投稿をシェアする

① インスタグラムでシェアしたい投稿を表示し、…をタップして<リンクをコピー>をタップします。

② 「Repost for Instagram」を起動すると、コピーしたリンク先の投稿が表示されるので、サムネイルをタップします。

③ リポスト元のクレジットの表示位置などを指定してから、<Repost>をタップします。

④ <Instagramにコピー>をタップするとインスタグラムの編集画面に移動するので、以降は画面に従って投稿します。もとの投稿のキャプションも一緒にシェアする場合は、投稿画面でキャプション欄をタップすると表示される<ペースト>をタップします。

第7章 インスタグラム 困ったときの解決技

Section 83 アカウントを非公開にしたい

特定のユーザー以外に投稿を公開したくない場合は、非公開アカウントに切り替えます。アカウントを非公開にした場合、投稿内容は認証したユーザー以外には表示されません。非公開の解除も同じ手順で行います。

アカウントを非公開に設定する

① プロフィール画面を表示し、⚙をタップします。

② オプション画面で「非公開アカウント」の ◯ をタップしてオンにします。

③ 認証されていないユーザーからプロフィールを見ると、投稿内容が非公開になったことがわかります。

Memo 投稿内容を閲覧できるユーザー

アカウント非公開後にフォローしてきたユーザーには、自分が認証するまで投稿は公開されません。アカウントを非公開にする前からフォローし合っているユーザーには、認証しなくても投稿の内容が公開されます。特定のユーザーを対象に投稿を非公開にしたい場合は、Sec.85を参照してください。

169

Section 84 投稿した写真の一部を非公開にしたい

通常、インスタグラムに投稿した写真はすべて公開されます。公開範囲はアカウントを非公開設定にすることで調整できますが、投稿ごとに公開・非公開を設定するには、「アーカイブ」機能を利用します。

アーカイブ機能とは?

「アーカイブ」とは、資料や記録文書の保管場所(書庫)または保存することを意味する単語です。コンピューター用語では、複数のファイルを1つのファイルにまとめて保管することをアーカイブと呼ぶこともあります。インスタグラムの「アーカイブ」機能も、投稿した写真や動画を一時的に移動する保管庫のような場所と考えるとわかりやすいでしょう。なお、アーカイブできるのは一度投稿した写真のみです。はじめからアーカイブに保存することはできません。

① 非公開にしたい写真を表示し、…をタップします。

② <アーカイブに移動>をタップします。

③ アーカイブした投稿が非表示になりました。

アーカイブした写真を再公開する

1 プロフィール画面を表示し、🕘を タップします。

2 アーカイブした写真のサムネイル をタップします。

3 …をタップします。

4 <プロフィールに表示>をタップし ます。

Memo アーカイブ一覧が表示されない場合

アーカイブ画面に「ストーリーズ」が表示されることがあります。アーカイブ一覧を表示するには、画面上部の<アーカイブ>をタップし、<投稿>をタップします。

Section 85 特定のユーザーをブロックしたい

自分の投稿を見せたくない、コメントやメッセージを送ってほしくない相手がいる場合は、「ブロック」機能を使います。ブロックしたユーザーからのフォローも自動的に外れますが、通知はされません。

プロフィール画面からブロックする

1 ブロックしたいユーザーのプロフィール画面で…をタップします。

2 ＜ブロック＞をタップします。

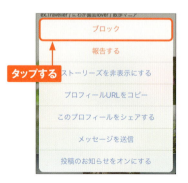

3 再度＜ブロック＞をタップします。

4 対象ユーザーがブロックされたことを確認して、＜閉じる＞をタップします。

ブロックを解除する

① プロフィール画面を表示し、⚙をタップします。

② 「オプション」画面で＜ブロックしているユーザー＞をタップします。

③ ブロック中のユーザー一覧で、ブロックを解除したいユーザーをタップします。

④ 対象のユーザーのプロフィール画面が開いたら、…をタップして＜ブロックを解除＞→＜ブロックを解除＞の順にタップします。

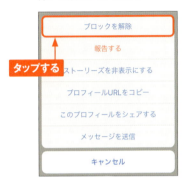

⑤ ブロックが解除されたことを確認して、＜閉じる＞をタップします。

Memo ブロックを解除してもフォローは復活しない

相手が自分をフォローしていた場合、ブロックするとフォローが外れます。ブロックを解除しても外れたフォローはもとに戻らないため、一度ブロックしたことが相手に気付かれてしまう場合があります。

第7章 インスタグラム 困ったときの解決技

Section 86 コメントを受け付けないようにしたい

コメントは、ユーザー間のコミュニケーション手段の1つですが、稀にトラブルの原因になることもあります。ここでは、コメントのオン／オフ切り替えや、特定のユーザーからのコメントブロックなど、コメントに関する設定をまとめて解説します。

特定の投稿のコメントをオフにする

① コメントをオフにしたい投稿を表示し、…をタップします。

② ＜コメントをオフにする＞をタップします。

③ 投稿から○が消え、コメントがオフになったことがわかります。

Memo 投稿時にコメントをオフにする

写真や動画を投稿する前に、あらかじめコメントをオフにしたい場合は、「新規投稿」画面下部の＜詳細設定＞をタップし、次の画面で をタップしてコメントをオフにします。

特定のユーザーからのコメントをブロックする

1. プロフィール画面で✿をタップします。

2. <コメント>をタップします。

3. <コメントをブロックする相手>をタップします。

4. ブロックしたい投稿者を検索し、該当するユーザーの右側に表示される<ブロック…>をタップします。

Memo ブロックを解除する

ブロックを解除する場合は、手順④の画面でブロックを解除したいユーザーの<ブロック…>をタップし、<ブロックを解除>をタップします。

コメントを非表示にする条件を設定する

●不適切なコメントを非表示にする

① 「オプション」画面を表示して、<コメント>をタップします。

② 「デフォルトキーワード」で、「不適切なコメントを非表示にする」の ○ をタップしてオンにします。この設定をオンにすると、インスタグラムが指定した不適切とされるフレーズを含んだコメントが非表示になります。

●特定のキーワードを含むコメントを非表示にする

① 「コメント」画面の「カスタムキーワード」に、キーワードを入力します。複数のキーワードを入力する場合は、コンマで区切ります。

② 入力が完了したら、<をタップします。入力したフレーズを含むコメントは、非表示になります。

📷 ストーリーズへのメッセージを許可する範囲を指定する

1 「オプション」画面を表示して、<ストーリーズ設定>をタップします。

2 「メッセージ返信を許可」で、<すべての人>、<フォロー中の人>、<オフ>のいずれかをタップしてチェックを付けます。

3 ストーリーズでメッセージを受け付けない場合は、<オフ>をタップしてチェックを付けます。

4 ストーリーズを視聴しているユーザー側からは、メッセージの入力欄が表示されなくなります。

Section 87 自分に付けられたタグを削除したい

写真に写っている人などをタグ付けする機能は、友達どうしでは楽しいものですが、タグ付けされたくない人も中にはいるでしょう。意図しないタグ付けをされた場合に対応できるよう、削除の方法を覚えておきましょう。

タグを削除する

① タグ付けされた写真をタップしてタグを表示し、自分のタグをタップします。

② 表示されたメニューで、<その他のオプション>をタップします。

③ <投稿から自分を削除>をタップします。

④ <削除する>をタップします。

第7章 インスタグラム 困ったときの解決技

Section 88 タグ付けされた投稿が勝手にプロフィール画面に表示される

インスタグラムのデフォルトの設定では、タグ付けされた投稿が自動でプロフィール画面に表示されるようになっています。ここでは、この設定を「非表示」に変更する手順を解説していきます。

タグ付けされた投稿をプロフィールで非表示にする

(1) プロフィール画面で⚙をタップして「オプション」画面を表示し、＜あなたが写っている写真＞をタップします。

(2) ＜写真を非表示にする＞をタップします。

(3) 非表示にする投稿をタップしてチェックを付けてから、＜写真を非表示にする＞をタップします。

(4) ＜プロフィールに表示しない＞をタップします。

第7章 インスタグラム 困ったときの解決技

Section 89

SNSとの連携を解除したい

FacebookやTwitterなど、ほかのSNSを紐付けておくと友達を探す際に便利ですが、つながりたくない人が「おすすめ」ユーザーに表示されるなど、一長一短な部分もあります。そんなときは、ひとまずSNSとの連携を外しておくのも有効な手段です。

SNSとの連携を解除する

① プロフィール画面で⚙をタップして「オプション」画面を表示し、＜リンク済みアカウント＞をタップします。

③ ＜アカウントのリンクを解除＞をタップします。

② 連携を解除する項目（ここでは＜Facebook＞）をタップします。

④ ＜はい＞をタップして完了です。

解除したSNSと再度連携する

① P.180手順②の画面で＜Facebook＞をタップします。

② Facebookアカウントとの情報共有を確認するメッセージを確認し、＜続ける＞をタップします。

③ ＜Facebookアプリでログイン＞をタップして、＜開く＞をタップします。

④ 以前に連携済みのため、ログイン操作は省略されます。＜次へ＞をタップして完了です。

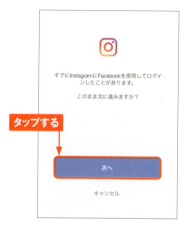

Memo 連絡先との連携を解除する

「連絡先」を連携すると、連絡先の情報がインスタグラムのサーバーに送信されます。これを解除することで、サーバーに同期した情報は削除されます。連携を解除するには、P.180手順①の画面で＜連絡先＞をタップし、次の画面で「連絡先をリンク」の○をタップして連携をオフにします。

第7章 インスタグラム 困ったときの解決技

Section 90 広告を非表示にしたい

ホーム画面のフィードには、フォロー中のユーザーの投稿のほかに、ビジネスアカウントによる広告が表示されることがあります。各広告から非表示にする操作を行うことで、今後その広告の表示頻度が下がります。

表示中の広告を非表示にする

① 非表示にしたい広告が表示されている状態で、…をタップします。

② ＜広告を非表示にする＞をタップします。

③ アンケートが表示されるので、該当する項目をタップして操作を完了します。

Memo 広告は一括で非表示にはできない

プロモーション用の投稿には、必ず「広告」と表示されます。また、「詳しくはこちら」などのリンクがあるものも広告です。自分のフィードに興味のない広告が表示されると、ほかのユーザーの投稿を見たいときに邪魔になるため、不要な広告は非表示にしていきましょう。ただし、インスタグラムに表示される広告を一括で非表示にすることはできません。

Section 91 パスワードを変更したい

パスワードは定期的に変更することで、アカウントの安全性を高めることができます。現在のパスワードを覚えていれば、「オプション」画面からかんたんにパスワードを変更することができるので、こまめに変更しましょう。

パスワードを変更する

1 プロフィール画面で⚙をタップします。

2 「オプション」画面で<パスワードを変更>をタップします。

3 現在のパスワードを入力し、次に新しいパスワードを2回入力して、<完了>をタップします。

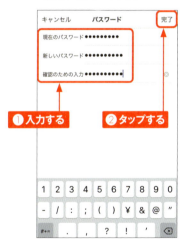

Memo 一度使用したパスワードは使えない

パスワードの変更を行う際、過去に一度でも使用したことのあるパスワードは再設定することはできません。

第7章 インスタグラム 困ったときの解決技

Section 92 パスワードを忘れてしまった！

パスワードを忘れてログインできない！そんなときはパスワードをリセットして、新しいパスワードを設定しましょう。なお、Facebookと連携している場合はFacebookアカウントを使ってログインできることがあります。

パスワードをリセットする

① ログイン画面で＜ログインに関するヘルプ＞をタップします。

② ユーザーネームまたはメールアドレスを入力して、＜ログインリンクを送信＞をタップします。

③ 登録済みのメールアドレスにログイン情報が送信されたことを確認して、＜OK＞をタップします。

Memo SMSでログインリンクを受信する

手順②の画面で＜電話＞をタップすれば、電話番号を入力してSMSでログインリンクを受け取ることもできます。

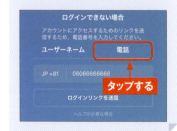

④ メールが届いたら、メッセージ内のログインリンクをタップします。

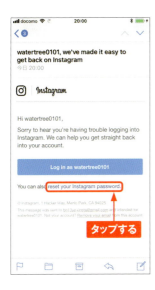

⑤ ブラウザでリセット画面が開いたら、新しいパスワードを2回入力して＜パスワードをリセット＞をタップします。

⑥ 「Instagram」アプリを起動して登録した新しいパスワードを入力し、＜ログイン＞をタップします。

Memo パスワードを保存する

SafariやChromeなどのスマートフォンのブラウザには、パスワードを保存できる機能があります。インスタグラムのパスワードのリセット操作はブラウザで行うため、保存機能がオンの状態でパスワードを保存しておけば、パスワードを忘れてしまった場合でもあとから参照できます。

第7章 インスタグラム 困ったときの解決技

Section 93 アカウントを一時停止したい

何らかの事情でアカウントを利用したくない場合は、一時的に停止させることができます。停止したアカウントに紐付く投稿やコメント、「いいね!」は表示されなくなります。アカウントの一時停止は、アプリからではなくブラウザから行います。

ブラウザからアカウントを停止する

① ブラウザで「instagram.com」にアクセスし、ログイン情報を入力して<ログイン>をタップします。

② ログインが完了したら、ナビゲーションメニューの👤をタップします。

③ <プロフィールを編集>をタップします。

④ 画面右下の<アカウントを一時的に停止する>をタップします。

⑤ 「アカウントを停止する理由」の<選択>をタップし、画面下部から理由をタップします。選択したら<完了>をタップします。

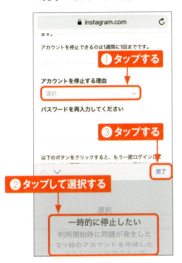

⑥ パスワードを入力して、<アカウントの一時的な停止>をタップします。

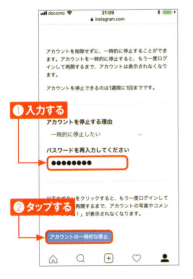

⑦ 確認の吹き出しが表示されたら、<はい>をタップします。

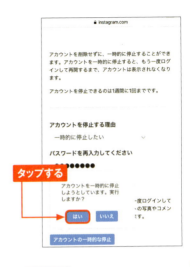

Memo アカウントの一時停止と復旧

一時停止の状態からアカウントを復旧するには、再度ログインします。ただし、アカウント停止直後すぐには復旧できません。なお、一時停止は一週間に一度までなどのルールがあります。アカウントを一時停止にすると、これまでの投稿やコメント、「いいね！」も非表示になります。さらに、ユーザー名を検索してもヒットしません。

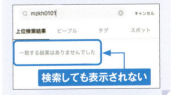

Section 94 アカウントを削除したい

アカウントを完全に消してしまいたい場合は、削除の手続きを行います。一時停止と異なり、アカウントを削除するとすべてのデータが削除され、アカウント名も凍結されて使えなくなります。削除の操作はブラウザから行います。

専用ページからアカウントを削除する

① 削除ページを開く前に「instagram.com」にアクセスして、ユーザーIDとパスワードを入力し、＜ログイン＞をタップします。

② ブラウザで「https://instagram.com/accounts/remove/request/permanent/」にアクセスし、「アカウントを削除する理由」の下にあるメニューをタップします。

③ 理由をタップして選択してから、＜完了＞をタップします。

Memo ヘルプページから削除ページにアクセスする

アカウントの削除ページは、インスタグラムのヘルプページからもアクセスできます。手順①でインスタグラムにログインしたあと、👤→⚙の順にタップし、＜Help Center＞をタップします。＜アカウントの管理＞→＜アカウントの削除＞→＜自分のアカウントを削除…＞の順でタップすると、削除ページへ誘導する説明文が表示されます。

④ アカウントのパスワードを入力して、＜アカウントを完全に削除＞をタップします。

⑤ 確認のメッセージが表示されたら、＜OK＞をタップします。

⑥ アカウントが削除されました。

Memo アカウントの削除と一時停止の違い

一時的にアカウントを無効化する「一時停止」に対して、「削除」はアカウントの再開ができません。一時停止では、復旧後にアカウント名も投稿も過去のコメントや「いいね!」ももと通りになりますが、削除後はアカウント名の再利用も不可となります。一度削除を実行すると取り消せないので、よく考えて慎重に操作しましょう。

索引

アルファベット

Androidにアプリをインストールする ………… 13
Boomerang ………………………………… 78
Facebook ……………………… 30, 68, 152
Gramblr …………………………………… 162
Hyperlapse ……………………………… 115
iPhoneにアプリをインストールする ………… 12
Layout ……………………………………… 72
Lux ………………………………………… 53
Twitter …………………………………… 69
WEBSTA …………………………… 50, 165

あ行

アーカイブ ………………………………… 170
アカウントを切り替える …………………… 161
アカウントを削除 ………………………… 188
アカウントを追加 ………………………… 160
アカウントを停止 ………………………… 186
アカウントを非公開にする ………………… 169
明るさ ……………………………… 53, 58
暖かさ ……………………………………… 60
圧縮 ……………………………………… 120
いいね! ……………………… 9, 38, 43, 90
一眼レフカメラ ………………………… 116, 118
位置情報 ………………………… 37, 67, 83
色 ………………………………………… 61
インスタグラムに招待 …………………… 152
インスタグラム・ダイレクト …… 46, 86, 137
埋め込みコード ………………………… 156
置き画 …………………………… 93, 110
お知らせ …………………………………… 40

か行

回転 ……………………………………… 57
影 ………………………………………… 59
加工アプリ ………………………………… 94
加工した写真を投稿せずに保存 ………… 164
傾き ……………………………………… 56
関連 ……………………………………… 65
キャプション ……………………… 52, 82
クラウドストレージサービス …………… 120
グリッド線 ………………………… 92, 102
ゲストを招待 …………………………… 142
広告を非表示にする …………………… 182
公式ページ ……………………………… 29
小道具 …………………………………… 96
コメント ……………………… 9, 39, 125
コメントに返信 …………………… 80, 137
コメントをオフ ………………………… 174
コメントをブロック …………………… 175
コラージュ ……………………………… 72
コントラスト ……………………………… 59

さ行

彩度 ……………………………………… 60
三角構図 ………………………………… 93
三分割法 ………………………………… 92
シェア …………………………………… 48
シェア設定 ……………………………… 69
シズル感 ………………………… 99, 113
下書き ………………………………… 166
視聴者 ………………………… 136, 141
シャープ ………………………………… 63
写真の保存 …………………… 42, 149, 165
写真をWi-Fiで転送 …………………… 118
写真を投稿 ……………………… 52, 70
斜線構図 ………………………………… 93
植物を撮影 …………………………… 112
人物写真 ……………………………… 109
スイーツを撮影 ………………………… 99
ステッカー …………………………… 130
ストーリーズ ………………… 9, 84, 122
ストーリーズ設定 …………………… 144
ストーリーズを削除 ………………… 134
ストーリーズを投稿 ………………… 126
ストーリーズを保存 ………………… 135
ストーリーズを見る ………………… 124
ストラクチャ …………………………… 62
スポット ………………………………… 36
空を撮影 ……………………………… 104

た～な行

対角線	93
タイムラプス動画	114
タグ	34, 66, 179
タグを削除	83, 178
調整	56
チルトシフト	63
通知を設定	146
データ使用量	150
テキスト	133
デジタルカメラ	118
動画を投稿	74, 76
投稿のお知らせ	148
投稿を削除	81
投稿を非公開	81
投稿を編集	82
投稿を保存	42, 165
同時投稿	69
動物を撮影	100
トリミング	57
二段階認証	158

は行

ハイライト	59
パスワードを変更する	183
パスワードをリセットする	184
パソコン版のインスタグラム	154
バックアップコード	159
ハッシュタグ	8, 34, 50, 64
パンフォーカス	108, 117
ピープル	28
非公開情報	21
ビジネスツール	24
被写界深度	117
ビネット	63
日の丸構図	92
フィルター	9, 54, 87, 88
風景を撮影	102
フェード	62
フォロー	29, 33, 35, 44
フォロワー	45
複数の写真や動画をつなげて投稿	128
複数の写真を投稿	71
服やコーディネートを撮る	110
ブックマーク	42
ブロックを解除	173
プロフィール	18
プロフィールページ	91
編集	56, 91
ペンツール	132
放射構図	93
ホーム	22
ボケ	117

ま～わ行

マクロ	112, 117
真俯瞰	93
メールアドレスでアカウントを作成する	16
メールの設定	151
メッセージ	46, 86
夜景を撮影	106
ユーザー登録	14
ユーザーを探す	26, 28
ユーザーをブロック	172
ライブ	9, 123, 138, 140
リポスト	168
料理を撮影	98
リンク済みアカウント	69, 180
リンクを解除	33, 180
リンクをコピー	49
ループ動画	78
連絡先	32

お問い合わせについて

本書に関するご質問については、本書に記載されている内容に関するもののみとさせていただきます。本書の内容と関係のないご質問につきましては、一切お答えできませんので、あらかじめご了承ください。また、電話でのご質問は受け付けておりませんので、必ずFAXか書面にて下記までお送りください。
なお、ご質問の際には、必ず以下の項目を明記していただきますようお願いいたします。

1 お名前
2 返信先の住所またはFAX番号
3 書名
 （ゼロからはじめる　インスタグラム　Instagram）
4 本書の該当ページ
5 ご使用のソフトウェアのバージョン
6 ご質問内容

なお、お送りいただいたご質問には、できる限り迅速にお答えできるよう努力いたしておりますが、場合によってはお答えするまでに時間がかかることがあります。また、回答の期日をご指定なさっても、ご希望にお応えできるとは限りません。あらかじめご了承くださいますよう、お願いいたします。ご質問の際に記載いただきました個人情報は、回答後速やかに破棄させていただきます。

お問い合わせ先

〒162-0846
東京都新宿区市谷左内町 21-13
株式会社技術評論社　書籍編集部
「ゼロからはじめる　インスタグラム　Instagram」質問係
FAX番号　03-3513-6167
URL：http://book.gihyo.jp

■ お問い合わせの例

FAX

1 お名前
　技術　太郎

2 返信先の住所またはFAX番号
　03-XXXX-XXXX

3 書名
　ゼロからはじめる
　インスタグラム　Instagram

4 本書の該当ページ
　40ページ

5 ご使用のソフトウェアのバージョン
　iPhone 7（iOS 11.2.2）

6 ご質問内容
　手順3の画面が表示されない

ゼロからはじめる　インスタグラム　Instagram（インスタグラム）

2018年3月9日　初版　第1刷発行

著者	リンクアップ
発行者	片岡　巌
発行所	株式会社　技術評論社 東京都新宿区市谷左内町 21-13
電話	03-3513-6150　販売促進部 03-3513-6160　書籍編集部
編集	伊藤　鮎
装丁	菊池　祐（ライラック）
本文デザイン・DTP	リンクアップ
製本／印刷	図書印刷株式会社

定価はカバーに表示してあります。

落丁・乱丁がございましたら、弊社販売促進部までお送りください。交換いたします。
本書の一部または全部を著作権法の定める範囲を超え、無断で複写、複製、転載、テープ化、ファイルに落とすことを禁じます。

© 2018 リンクアップ

ISBN978-4-7741-9577-3 C3055

Printed in Japan